Harley Davidson

HARLEY-DAVIDSON Legenden

Dieter Rebmann | Horst Rösler | Frank Sander

HARLEY-DAVIDSON
Legenden

HEEL

IMPRESSUM

HEEL Verlag GmbH
Gut Pottscheidt
53639 Königswinter
Telefon 0 22 23 / 92 30-0
Telefax 0 22 23 / 92 30 26
Mail: info@heel-verlag.de
Internet: www.heel-verlag.de

Verantwortlich für den Inhalt:
Dieter Rebmann (Bilder), Horst Rösler und Frank Sander (Texte)

Gestaltung und Satz: Atelier Seidel – Verlagsgrafik, Teising
Lithografie: Muser Medien GmbH, Königswinter

Printed in Italy

ISBN: 978-3-89880-732-6

INHALT

Die berühmte „Nummer 1“ von Harley-Davidson, gebaut in den Jahren 1902 bis 1903.
Mit diesem Motorrad fängt normalerweise jedes Harley-Davidson Buch an.
Dieter Rebmann fotografierte die Maschine unmittelbar nach der Restaurierung 1998 –
danach war das Schmuckstück nur noch hinter Glas oder in Studiofotos zu sehen.

EINLEITUNG

Seit über zwei Jahrzehnten fotografiert Dieter Rebmann die Klassiker von Harley-Davidson in aller Welt. Neben dem jährlich bei Heel erscheinenden Harley-Davidson Kalender ist sein 1996-1998 mit dem leider viel zu früh verstorbenen Oluf Zierl produziertes Mammutwerk „Ride Free Forever“ noch immer ein Meilenstein der Harley-Davidson Literatur.

Doch die Uhr hat sich weitergedreht – und gerade im letzten Jahrzehnt legte Harley-Davidson ein Entwicklungstempo vor, welches nur als atemberaubend bezeichnet werden kann. Die VRSC-Modelle, neue Motoren, eine völlig neue Sportster-Baureihe und die Geburtstagsparties zum 100-jährigen und 105-jährigen Jubiläum brachten zahlreiche neue Modelle und ließen die alten Maschinen in die Annalen der Harley-Davidson Geschichte eingehen. Mit dem Geburtstagsjahrgang 2008 waren alle Modelle generalüberholt oder neu entwickelt – eine nahezu unglaubliche Verjüngung in Zeiten technischen und gesellschaftlichen Wandels. Zeit also für eine neue Bestandsaufnahme der Harley-Davidson Geschichte – und einen Blick auf die „Highlights“ von 105 Jahren Firmengeschichte.

Für das neue Projekt versicherte sich Kultfotograf Dieter Rebmann der Dienste zweier Szene-Spezialisten, die wohl – jeder für sich – schon mehr Custombikes vor der Linse hatten, als Harley-Davidson in 105 Jahren Modellvarianten angeboten hat: Frank Sander und „Motographer“ Horst Rösler sind die offiziellen Fotografen des AMD European und World Championship of Custombike Building und sind mit ihren mobilen Studioausrüstungen oder auch „on Location“ weltweit unterwegs. Ihre Artikel erscheinen in Wort und Bild in den wichtigsten Zeitschriften weltweit – und als Kenner der Szene und der Harley-Davidson Geschichte wissen sie genau, welchen Quellen zu trauen ist.
Zur Texterstellung dieses Buches wurden – neben zahlreichen eigenen Fahreindrücken und Erlebnissen – nahezu die gesamte verfügbare Literatur, Firmenprospekte und die Informationen zahlreicher Spezialisten zu Rate gezogen, um dem Leser ein möglichst interessantes Kurzportrait jeder Maschine in ihrem geschichtlichen Zusammenhang zu bieten. Eine kompakte Geschichte der wichtigsten Modelle, die natürlich bei 105 Jahren – und zahllosen Highlights – niemals vollständig sein kann.

In einer Zeit der Sicherheitshysterie und der ständigen Erreichbarkeit ist das Motorradfahren ein letztes Stück persönlicher Freiheit – ein letzter Happen Zeit, bei dem man ungestört bleiben kann. Zudem ist jedes Motorrad ein unglaublich praktisches Verkehrsmittel in den Städten – und nur wer einmal mit dem Motorrad eine Tour auf einer der Traumstraßen dieser Welt unternommen hat, kennt die faszinierende Weitwinkelperspektive, die sich dem Biker im Vergleich zur Fahrt in einer geschlossenen Blechbüchse auf der gleichen Route bietet. Aber das brauchen wir den Lesern dieses Buchs nicht zu erklären.

Jegliche Fehler und Irrtümer sind unsere, nicht immer erlaubte die Quellenlage eine hundertprozentige Sicherheit der Angaben. Wer schon mal verschiedene Motorräder eines Jahrgangs auf dem Leistungsprüfstand gemessen hat, der weiß wovon wir reden.

Ein „See you on the road“ von Dieter „The Lens” Rebmann, Frank „Thunder“ Sander und Horst „Motographer” Rösler – www.dieter-rebmann.de; www.thunder-media-service.de und www.motographer.de

MODELL 5D (1909)
Ein Mythos wird geboren

Nachdem die Firmengründer Harley und Davidson in den ersten Jahren auf die Einzylinder-Modelle gesetzt hatten, wurde langsam der Wunsch nach mehr Leistung wach. Mehr Hubraum und Leistung aus einem Zylinder zu schöpfen ist zwar eine Möglichkeit, birgt aber auch Probleme und Risiken. Der Mitbewerber Indian setzte schon seit einiger Zeit auf die Zweizylindertechnik und so war es ein logischer Schluss, dass man nachziehen musste. Indian war schon 1905 mit einem Triebwerk auf den Markt gekommen, von dem auch Rennmotoren abgeleitet wurden, und der Erfolg bei Langstreckenrennen war schon damals mitentscheidend für den Verkaufserfolg eines Motorrades. Man darf nicht vergessen, dass zu jener Zeit Motorradfahren kein Hobby war, sondern dass das Bike ein vollwertiges Fortbewegungsmittel war, welches in erster Linie zuverlässig und möglichst komfortabel sein sollte.

So begann die Entwicklung des Motors, der bei Harley-Davidson zur Legende wurde: der 45° V-Twin. In der nochmals vergrößerten Werkstatt von Harley-Davidson entstand dann 1909 der Motor, der die Firmengeschichte revolutionieren sollte. Der Motor war natürlich keine komplette Neuentwicklung, und die Ingenieure wussten zu dem Zeitpunkt auch noch nicht, was sie mit

Der V-Twin im Mittelpunkt: Noch treibt der Riemen das Hinterrad direkt, aber der Schritt vom Fahrrad mit Motor zum Motorrad ist gemacht.

ihrer Konstruktion angestoßen hatten. Doch sie hatten den Anspruch, ein kraftvolles und zuverlässiges Triebwerk für ihre Modelle zu entwickeln, wozu sie auf bewährte Komponenten zurückgriffen. Der Motor sollte den Erfolg der Marke weiter ausbauen und festigen, was, wie wir wissen, ja auch nachhaltig gelungen ist. Er machte Harley-Davidson zum erfolgreichsten Motorradhersteller der USA und ließ Indian, Excelsior und alle anderen hinter sich. Die ausgewählten Komponenten des V-Twin waren zum Teil schon ausgiebig erprobt und so waren alle sehr zuversichtlich, dass die Entwicklung ein technischer Erfolg wird. Die Pleuel und Kolben stammten im Wesentlichen aus den Einzylinder-Modellen. Es wurde eine Kurbelwelle entworfen, auf der beide Pleuel auf einem Zapfen laufen, und fertig war der V2. Nicht ganz …
Es wurde ein größeres Kurbelgehäuse hergestellt, und die Lager wurden verstärkt. Der Vergaser war ein heute etwas sonderbar anmutender Schebler-Vergaser, der schon bei den anderen Modellen gute Dienste leistete. Eine Bosch Magnetzündung entflammte das Gemisch, das durch den legendären Klappenauspuff wieder ins Freie geblasen wurde. Natürlich ohne jegliche schalldämmende Wirkung. Die waagerecht verrippten Zylinder und Zylinderköpfe mit dem automatischen Einlassventil wurden ebenfalls im Wesentlichen übernommen. Das Problem bei dem so genannten Schnüffelventil war, dass es durch die im vergrößerten Kurbelgehäuse herrschenden anderen Druckverhältnisse nicht mehr einwandfrei funktionierte.
Der Motor, der inzwischen knapp 50 cubic inch auf zwei Zylinder verteilte, hatte dennoch immerhin ca. 7 PS und brachte die 5D auf über 70 km/h. Von dem Modell wurden insgesamt nur 27 Fahrzeuge produziert. Hauptgrund dafür waren die Probleme mit dem Motor, der schlecht ansprang, unruhig lief und somit nicht den Ansprüchen der Philosophie von Harley und Davidson entsprach. Eine Weiterentwicklung war deshalb unumgänglich. Zudem war auch der Antrieb des Bikes der stärkeren Motorleistung nicht gewachsen, so dass der Antriebsriemen, der noch keine Spannvorrichtung besaß, durchrutschte.
Der Rahmen des Motorrades war, wie

Gestartet wird der V-Twin über die Kette zum Hinterrad und den Riemenantrieb.

Oben: Filigran: Der Riemenantrieb wurde besonders bei Regen rutschanfällig.

zu der Zeit üblich, als Starrrahmen ausgelegt und mit riesigen 28-Zoll-Rädern bestückt. Der Antrieb lief über einen Riemen, der auf einer an die Felge montierten Riemenscheibe geführt wurde. Gebremst wurde auch nur hinten, über eine so genannte Freilaufbremse. Vorn hatte man schon eine Federung montiert, die über eine Schwingengabel mit doppelten Federn arbeitete. Wenn man es so sehen will, war das ein Vorläufer der Springergabel. Am Stahlrohrrahmen war ein zweiteiliger Tank montiert, der zwei Funktionen hatte. Eine Seite des Tanks diente als Öltank für den Motor und die andere Seite als konventioneller Benzintank. Ebenso war im Tank die Bedienung der zusätzlichen, handbetriebenen Ölpumpe untergebracht, die auch noch länger Bestandteil der Ölversorgung sein sollte. So wurde im Jahr 1909 – in dem übrigens auch das FBI gegründet wurde – trotz eines anfänglichen Misserfolges eine Erfolgsstory gestartet, wie sie weltweit wohl kaum ein zweiter Motor erleben sollte. Wer einmal einen Harley-Motor gefahren hat, der wird verstehen,

Mitte: Die Bosch Magnetzündung.

Der Ur-Großvater aller Harley-Gabeln mit gefederter Schwinge.

Links: Einfach im Aufbau: Motor und Zylinder sind mit vier Bolzen verschraubt. Der Zylinderwinkel von 45° ist bis heute das Markenzeichen der Big Twins aus Milwaukee.

Unten: Zwischen den Gabelrohren die Harley-Davidson Plakette

warum gerade dieser Motor in die Geschichte eingegangen ist. Der unverwechselbare Sound und die Vibrationen, die nicht als lästig sondern als Kult empfunden werden, sind ein genussvolles Erlebnis, das man kaum beschreiben kann.

Technische Daten
MODELL 5D (1909)

Fahrwerk:	Einschleifen-Stahlrohrrahmen, starr
Gabel:	Schwingengabel mit zwei Federn
Motor:	Luftgekühlter Einzylinder, IOE Einlass über Auslass-Steuerung mit Schnüffelventil, Riemenantrieb mit Lederriemen, Magnetzündung
Zylinder:	1
Hubraum:	30,17 cubic inch
Leistung:	ca. 7 PS
Baujahr:	1909-1910

MODELL 7D (1911)
Die erste Evolution des V-Twin

Mit der 7D baut Harley-Davidson den ersten V-Twin, der auch technisch auf dem Stand der Zeit ist.

Im ersten Jahrzehnt der allgemeinen Motorisierung geht die technische Fortentwicklung in Riesenschritten voran. In den USA wurde der großvolumige V-Twin zum allgemeinen Standard, denn Marken wie Indian, Thor und Reading-Standard statteten ihre Motorräder mit solchen Motoren aus, nicht zuletzt, um die noch immer etwas schwachbrüstigen Bikes seitenwagentauglich zu machen. Nach mehreren Jahren vergeblicher Bemühungen, den noch mit Schnüffelventilen bestückten Zylinderköpfen eine höhere Leistungsausbeute zu entlocken, führte an der Zwangssteuerung kein Weg mehr vorbei: „F-Head", respektive IOE – die Bezeichnung für „Inlet over Exhaust" – war die Antwort von Harley-Davidson. Bei den Motoren vom Typ „F" sitzt das Einlassventil direkt über dem Auslassventil, während die Zündkerze in einem Winkel von etwa 45° zwischen die Ventile funkt. Äußerlich sind die F-Head-Motoren schon wegen ihrer unterschiedlich langen Stößelstangen zu erkennen: Während das Auslassventil direkt von unten aufgestoßen wird, öffnet das Einlassventil über einen Kipphebel. Die einteiligen Zylinder profitierten von Fortschritten in der Gusstechnik: Der obere Teil des Zylinderkopfs ist mit senkrechten Kühlrippen versehen, während die Querverrippung um den Auslass für kühlenden Luftstrom sorgt.

Links und rechts: Die Riemenspannung ließ sich mit Hilfe eines Hebels verstellen: Der breite und stabile Lederriemen verbesserte die Kraftübertragung.

Die Zündung erfolgt über einen Bosch-Magneten, der – hinter dem Motor sitzend – über eine Zahnradkaskade angetrieben wurde. Die Zündzeitpunkt-Verstellung erfolgte über ein Hebelsystem. Mit 3 Zoll Bohrung und $3\frac{1}{2}$ Zoll Hub leistete die 810-ccm-Maschine immerhin 6,5 PS, was dem Motorrad im Solobetrieb zu nahezu 100 km/h Spitzen-Speed verhalf. Und das auf einem Straßennetz, welches noch deutlich mehr auf Ochsenkarren und Pferdekutschen ausgerichtet war, denn auf moderne Motorfahrzeuge: Asphalt auf den ländlichen Straßen war in den USA zu diesem Zeitpunkt noch ein Fremdwort. So kam auf den vorhandenen Fahrbahnen der große Vorteil des großvolumigen V-Twins zum Tragen: Das Drehmoment aus dem untersten Drehzahlbereich, welches schon damals die Motorräder im Traktor-Stil aus dem Dreck zog.

Links: Die Zündkerze, eingerahmt von senkrechten Kühlrippen.

Trotz des wuchtigen V-Twins erinnert das Modell 7D noch immer an die Fahrrad-Ursprünge: Große Speichenräder und ein Einrohrrahmen mit schmalem Profil, nicht zu vergessen der Fahrradsattel. Der Riemenantrieb treibt das Hinterrad direkt und ohne Übersetzung an, gestartet wird über Fahrradpedale mit separatem Kettenantrieb. Immerhin spendierte Harley-Davidson der Maschine mit diesem Modelljahr einen Riemenspanner, welcher bei laufendem Motor auch als Kupplung genutzt werden konnte. Damit entfiel erstmals bei Harley der kaum zu bewältigende Balanceakt, die mit laufendem Motor vorwärtsdrängende Maschine vom Hauptständer zu heben und diesen einzuklinken, während das Bike schon ohne Fahrer losrollen will. In mehreren Rastenstellungen konnte der Riemenschlupf sogar in gewisser Weise geregelt werden: Praktisch bei Regen oder bei ölendem Motor. Ganz zu schweigen vom Stadtverkehr mit ständigem Stop-and-Go, denn man darf nicht vergessen: Noch teilte sich das Motorrad die Straßen fast ausschließlich mit Pferdefuhrwerken und Straßenbahnen. Automobile waren noch eine Ausnahmeerscheinung.

Der umgestaltete Tank integriert Benzin- und Ölreservoir, die Schmierung des Motors erfolgte durch Verlustschmierung. Ölpreise und Umweltschutz waren damals noch kein Thema. Das große Werkzeugfach war keine Dekoration: Plattfüße auf den schlechten Straßen machten den Fahrern zu schaffen – und zahlreiche Schmiernippel an Motor, Antrieb und Gelenken gierten nach gleitfähiger Flüssigkeit. Mit dem Bordwerkzeug konnte der Fahrer das Motorrad praktisch in alle Teile zerlegen und reparieren. Wenn es an das Flicken von Metallteilen ging, dann musste aber auch schon mal der nächste Hufschmied eingreifen.

1911 war ein wichtiges Jahr in der Firmengeschichte von Harley-Davidson, denn angesichts des anhaltenden Motorisierungsbooms entschied sich das Management zu einer weiteren Expansion in der Juneau Avenue: Mit einem Bankkredit von Marshall & Isley wurde der Grundstein für eine wichtige Ausweitung der Produktion geschaffen. Während 1911 noch 481 Beschäftigte bei Harley-Davidson arbeiteten, waren es im darauf folgenden Jahr bereits 1076! Die Zahl der produzierten Motorräder hingegen fiel von 5625 in 1911 auf 3852 in 1912, wahrscheinlich wegen der Ausbaumaßnahmen, denn schon 1913 produzierte Harley-Davidson deutlich über 10.000 Motorräder. Der Motorrad-Boom in den USA war auf dem Weg zu seinem eigentlichen Höhepunkt – und Harley-Davidson war fest entschlossen sich seinen Anteil am Kuchen zu sichern: Mit aggressiven Werbekampagnen ging Harley-Davidson erfolgreich auf Kundenfang: „Die komfortabelste, die ökonomischste, die zuverlässigste, die ausdauerndste und am leichtesten zu startende Maschine auf dem Markt“ pries die Anzeige – und zielte damit hauptsächlich auf Geschäftsleute, welche die Motorräder zur Auslieferung ihrer Waren benutzen sollten.

Links: Noch immer Speichen: Riemenrad 1911.

Rechts: Perfekt restauriert: Vorderradgabel und Lenkkopf.

Links: Ein Schmuckstück für jeden Motorradfahrer des Jahres 1911: Harley-Davidson 7D.

Unten: Der Fahrradsattel ist vor dem 1. Weltkrieg das Maß der Dinge.

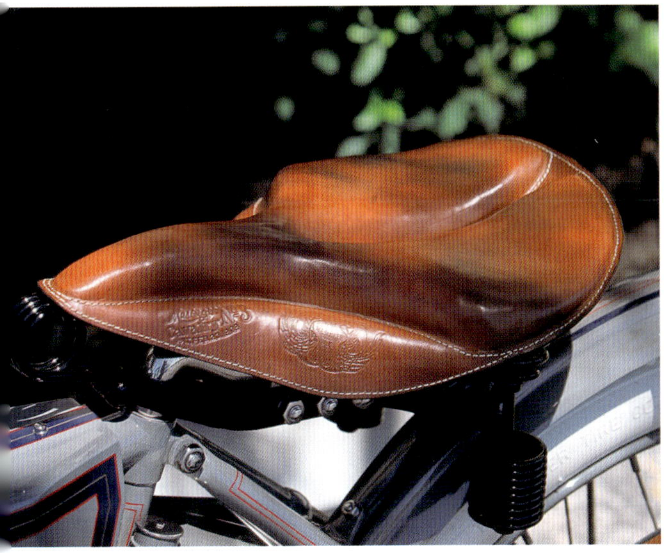

Technische Daten
MODELL 7D (1911)

Fahrwerk:	Einschleifen-Stahlrohrrahmen, starr
Gabel:	Springer
Motor:	Luftgekühlter V2, IOE Einlass über Auslass-Steuerung, Riemenantrieb mit Lederriemen, Magnetzündung
Zylinder:	2, 45° Zylinderwinkel
Hubraum:	50 cubic inch
Leistung:	ca. 7 PS
Baujahr:	1911

HARLEY
DAVIDSON
MOTOR
CO

1905

MODELL 10F (1914)
Das goldene Zeitalter des Motorrads

Wer am 1. Januar 1914 behauptet hätte, dass sich am Ende dieses Jahres eine Frontlinie aus Schützengräben von der belgischen Kanalküste bis an die Schweizer Grenze ziehen würde, wäre wohl für verrückt erklärt worden – besonders in den USA. Während in Europe bereits zaghafte Versuche mit der Motorisierung der Truppen gemacht wurden – und Motorräder als mobile Maschinengewehr-Träger begutachtet wurden, befand sich die amerikanische Armee noch im gleichen Zustand wie bei den letzten Indianer-Kriegen: Die Kavallerie ritt auf den gleichen Pferden gegen die mexikanischen Banditen von Pancho Villa wie gegen Sitting Bull und Crazy Horse. Erst 1916 sollte eine Expedition gegen Villa die Verwendbarkeit von motorisierten Fahrzeugen testen. Da waren die kriegführenden Parteien in Europa schon weiter: Die Schüsse in Sarajewo im Juni 1914 waren die Initialzündung, die sich im August zu einem Weltkonflikt ausweiten sollte, der auch Amerika für immer verändern sollte.

Im Jahr „10" ihrer Existenz erfreut sich die Harley-Davidson Motor Company eines ständig wachsenden Kundenstamms. Es ist das goldene Zeitalter des Motorrads in den USA, denn noch kann das von Ford gefertigte „Modell T" nicht die Stückzahlen wettmachen, welche die

Patina aus über 90 Jahren: Harley-Davidson 1914. Während in Europa der 1. Weltkrieg tobt, erlebt das Motorrad in Amerika sein „Goldenes Zeitalter".

IOE-Steuerung – einfach zu handhaben und zuverlässig im Alltagsbetrieb. Der Bosch-Magnet wird durch eine Zahnrad-Kaskade angetrieben.

großen Motorrad-Marken der USA ausspucken: Zwischen 60.000 und 70.000 Einheiten werden in diesem Jahr produziert und an den Mann gebracht. Indian ist 1914 der größte Motorradhersteller der Welt. Das Modell 10F war mit 285,– US-$ das Top-Modell der Harley-Davidson Produktlinie – und im Modelljahrgang 1914 wurden 7.956 davon gebaut. Während man heutzutage über 285,– Dollar schmunzelt, muss man den Preis im Kontext der Zeit sehen: 1914 verdiente ein Industriearbeiter im Schnitt 2,50 $ am Tag. Und dies bei einem 10-Stunden Arbeitstag. Es war 1914, als Henry Ford mit einem Paukenschlag diesen Hungerlohn verdoppelte – nicht zuletzt auch deswegen, damit sich die Arbeiter die von ihnen montierten Autos auch kaufen konnten. Damit kostete eine Harley-Davidson 10F den Gegenwert von nur noch 57 Arbeitstagen.

Technisch gesehen hatte sich am F-Head-Motor seit seiner Einführung 1911 nicht viel geändert – der Fortschritt lag in der Ausstattung und den Details: Der Hubraum hatte sich auf 61 cubic inch / 988 ccm erhöht, die Leistung damit leicht verbessert. 1914 erfolgte bei Harley-Davidson die Einführung des Kickstarters. Die Fahrradpedale werden durch solide klappbare Trittbretter ersetzt, welche den Fahrkomfort erheblich erhöhen. Der Primär-

Schmiernippel in der Vorderradgabel und ein einfacher Kilometerzähler.

Rechts: Breiter und bequemer – der Sattel des Jahres 1914.

antrieb ist durch einen Blechschutz abgedeckt und die 2-Gang-Nabenschaltung nutzt die angebotene Motorleistung besser aus. Kupplung und Bremse werden über Pedale bedient, was sich bald schon im Stadtverkehr bewähren muss: In Cleveland/Ohio, ebenfalls Heimat mehrerer Motorradhersteller, wird an einer Straßenkreuzung die erste Verkehrsampel aufgestellt.

Weitere Teile des Motorrads werden jetzt von Harley-Davidson selbst gefertigt, anstatt sie zuzukaufen: So auch die Radnaben und die neuentwickelte Trommelbremse, die über innenliegende Bremsschuhe den Bremsdruck nach außen wirken lässt: Die Bremswirkung ist deutlich verbessert – was angesichts des Straßenverkehrs in den Großstädten bitter nötig war.

Auch wenn das Renault-Grau an diesem Bike schon weitgehend vom Rostbraun abgelöst ist, lassen sich noch die handgezogenen Ziersteifen erkennen – und die Diskussion ist eröffnet: Originalzustand oder Restaurierung? Was für den einen Betrachter nur ein nutzloser Haufen Rost ohne Wert ist, gilt dem echten Enthusiasten als Nonplusultra in Sachen Authentizität. Original-Lack und Zierstreifen stehen wieder hoch im Kurs, egal wie hoch der Rostfaktor ist. Mit zunehmender zeitlicher Entfernung wird es zudem immer schwieriger, wirklich authentische und im Originalzustand befindliche Harley-Davidson aufzuspüren – die „Schuppenfunde“ der 70er und 80er Jahre sind mehr oder weniger ausgereizt, wichtiger ist es, die im Originalzustand befindlichen Motorräder zu erhalten und nicht „kaputtzurestaurieren“.

Wer eine 10F in diesem Zustand edler Patina eines Jahrhunderts Motorradgeschichte sein Eigen nennen kann, braucht sich um den Rost keine Sorgen zu machen. Und mit Zubehör kann die Maschine nur noch wertvoller werden! Wenn das Teil in diesem Zustand auch noch fährt: Um so besser! Generell gilt die Regel, um so mehr zeitgenössische Originalteile an einem Klassiker er-

Links: Hupe und Lampe.

Rechts: Zusatzleuchte, normalerweise an Polizeimaschinen verwendet.

Nur die Reifen sind neu – auch ein wenig Patina schadet nicht, wenn die Maschine fahrfähig ist.

Unten: Originallack des Jahres 1914 – und die einfache 2-Gang-Schaltung zur Hinterradnabe.

halten sind, desto erhaltenswerter ist dieser Zustand. Restaurieren kann man die Maschine immer – den Originalzustand besitzt man nur einmal…

Technische Daten
MODELL 10F (1914)

Fahrwerk: Einschleifen-Stahlrohrrahmen, starr
Gabel: Springer
Motor: Luftgekühlter V2, IOE Einlass über Auslass-Steuerung, Kettenantrieb, Magnetzündung, 2-Gang-Nabengetriebe
Zylinder: 2, 45° Zylinderwinkel
Hubraum: 60,34 cubic inch
Leistung: ca. 10 PS
Baujahr: 1911

1000 CCM MILITARY (1917)

Harley-Davidson goes to War

1917, der 1. Weltkrieg war in vollem Gange, und die deutsche Flotte griff immer öfter amerikanische Schiffe an. Nach der Präsidentschaftswahl in den USA bekommt der wieder gewählte Präsident Wilson vom Kongress die Vollmacht in den Krieg einzutreten. Da Harley-Davidson sich mit der Entwicklung von Militärmaschinen befasst, bedeutet das einen ungeheuren Aufschwung für die Company. William Harley führt die Motorräder und die Neuentwicklungen zum großen Teil persönlich bei den Truppen ein, was ihm den Vorteil verschafft, direkt an der Basis über etwaige Wünsche und Änderungen informiert zu werden. Diese Basisarbeit sollte sich auch sofort in Stückzahlen niederschlagen.

Obwohl der Krieg nur noch ein Jahr dauern sollte, wurden in dem Jahr ca. 20.000 Motorräder für militärische Zwecke nach Europa verschifft, wovon etwa ein Drittel Harley-Davidson Motorräder waren. Die Motorräder sollten den amerikanischen Truppen als Späh- und Kurierfahrzeuge dienen, wozu natürlich Veränderungen wie Waffenhalter usw. an das Bike montiert wurden. Nach nicht bestätigten Überlieferungen und Fotos war es ein 1917er Modell, mit dem ein gewisser Roy Holtz am 11. November 1918 als erstes amerikanisches Fahrzeug die

Das erste „Warhorse" von Harley-Davidson: Olivgrün ist die Uniform.

Rost-Patina: Die Gusseisen-Zylinder sind für Rost anfällig.

deutsche Grenze überquerte.
Während des Krieges stellten die Briten ihre zivile Motorradproduktion übrigens ein, was ein wachsendes Interesse an den amerikanischen V-Twins zur Folge hatte, das auf ganz Europa übergriff. Harley-Davidsons schlaue Marketingstrategie, nicht die gesamte Produktion auf Militärfahrzeuge umzustellen, sondern mit mehr Personal auch mehr Maschinen zu fertigen, ging auf. Rund 50 Prozent der Produktion waren Zivilmaschinen, die, durch die Nachrichten über ihre Zuverlässigkeit gestärkt, eine immer breitere Schicht an Abnehmern fanden. In dem Baujahr wechselte Harley die klassische Farbe Grau in Olivgrün, und die Entwicklung wurde mit voller Kraft vorangetrieben. Trotz steigender Rohstoffpreise waren die Amerikaner auf die Produktion eigener Lager, Rollen und Magnete angewiesen, da durch den herrschenden Krieg der Nachschub vieler Teile aus Übersee nicht mehr möglich war. Da durch den Krieg bedingt die deutschen Bosch-Zündungen nicht mehr verfügbar waren, wurde die Zündanlage im laufenden Produktionsjahr auf ein amerikanisches Produkt geändert. Das Problem war, gerade auch bei den Militärmaschinen, dass bei einem Zündungsschaden teilweise die gesamte Anlage getauscht werden musste. Der Verkauf der Single-Modelle ging mit der immer besser werdenden Qualität und der höheren Leistung der V-Twins rapide zurück und es wurden immer mehr Twins gebaut, die auch technisch komplexer wurden. Hierzu gründete Harley-Davidson im Jahr 1917 die Service School in Milwaukee. Hier wurden nicht nur Angehörige des Militärs, sondern auch Händler aus dem inzwischen

Rechts: Hupe und Scheinwerfer – gegen Feindbeobachtung ist der Lichtstrahl nur auf einen schmalen Schlitz beschränkt. Fast während des gesamten Krieges besaßen die deutschen Truppen die höheren Positionen an der Front. Fahrzeugbewegungen zogen sofortigen Artilleriebeschuss auf sich.

fast weltweiten Händlernetz geschult. Das Modell J mit 988 ccm und dem klassischen 45 Grad V-Twin gab es inzwischen auch mit diversen Optionen zu kaufen, zu denen Seitenwagen, verschiedene Bereifungen usw. zählten. Das J-Modell hatte 1917 bereits 17 PS, die das Motorrad bis auf 105 Stundenkilometer beschleunigten. Es besaß ein 3-Gang-Schaltgetriebe und einen Kettenantrieb mit einer Spannvorrichtung, die manuell justiert werden konnte. Gebremst wurde mit einer Bandbremse am Hinterrad, die durch ein Gestänge mit einer Umlenkung betätigt wurde. Vorne war in diesem Baujahr immer noch keine Bremse montiert. Charakteristisch für das Modell war der dominant auf dem Tank angebrachte Tachometer, der durch eine Welle und ein Ritzel auf der Antriebskette angetrieben wurde. Ebenso auffällig waren, wie schon bei dem 1916er Modell, die Ausbuchtungen in der rechten Tankhälfte, die notwendig waren, um den Stößeln für den Ventiltrieb genügend Platz zu verschaffen. Mit 147 Kilogramm war es für heutige Verhältnisse ein echtes Leichtgewicht, was sich sowohl im rauen Kriegseinsatz als auch in den unzähligen Wettbewerben, die mit der J gefahren wurden, auszahlen sollte. Während hinten immer noch keine Federung zum Einsatz kam, gab es vorn eine weiterentwickelte Federgabel, die den Komfort erhöhen sollte. Der Sitz wurde

Feststellbar. Die Hinterradbremse lässt sich – vor allem für Gespannbetrieb – fixieren.

Aufgebaut: Geliefert wurden die Militärmotorräder als „Bike in the Box" – Räder und Lenker wurden von den Einheiten montiert.

Unten: US-Army: Die Inventarnummer auf dem Tank.

inzwischen mit einem geschlossenen Federsystem abgefedert, was das Fahren auf den zu der Zeit noch extrem unebenen Straßen komfortabler machte. Rund 9100 Stück wurden vom Modell J im Jahre 1917 produziert, das in der Zivilversion 310 US-Dollar kostete.

Technische Daten

1000 CCM MILITARY (1917)

Fahrwerk:	Einschleifen-Stahlrohrrahmen, starr
Gabel:	Schwingengabel mit zwei Federn
Motor:	Luftgekühlter V2, IOE Einlass über Auslass-Steuerung, Riemenantrieb mit Lederriemen, Batterie-Spulenzündung
Zylinder:	2, 45° Zylinderwinkel
Hubraum:	60,30 cubic inch
Leistung:	ca. 16 PS
Baujahr:	1917-1918

SPORT TWIN (1919)
Der Exot: Harley-Davidson boxt sich durch

Harley-Davidson und Rennsport, für viele unvorstellbar. Dabei war es gerade die Marke Harley-Davidson, die Anfang des 20. Jahrhunderts fast alle Rekorde brach. Egal ob auf Ovalkursen, kurzen oder langen Straßenrennen und Zuverlässigkeitsrennen. Harley war nahezu unschlagbar. Hierfür wurden teils von den Fahrern modifizierte Straßenmaschinen eingesetzt, doch die meisten Erfolge wurden auf speziell von der Company entwickelten Sportmodellen erzielt. Eines dieser Bikes war die 1919er Sport Twin, die im Gegensatz zu den bekannten Modellen einen Boxermotor besaß, der längs eingebaut war. 1919 zeigte sich bei Harley, dass die Entscheidung, im Krieg weiter zivile Maschinen zu bauen, richtig war. Die Beliebtheit der V-Twins wuchs ständig und so war es ein Wagnis, dieses Motorrad mit dem Boxermotor auf den Markt zu bringen. In den USA war das Bike lediglich bei Rennfahrern sehr beliebt, wogegen der Verkauf in England und Europa erheblich besser lief. In dem Jahr als die Sport Twin auf den Markt kam, reorganisierten Bill Ottaway, R. W. Enos und C. C. Wilborn die legendäre Wrecking Crew von Harley-Davidson. Das Rennteam bestand aus erfahrenen Vorkriegspiloten und jungen Talenten, die von Harley geschult wurden und entsprechend auch bestes Material für ihre Einsätze bekamen.

Top restauriert: Die „Sport Twin" war die erste „Nachkriegs-Harley", die speziell auf eine Motorsport-begeisterte Kundengruppe zugeschnitten war.

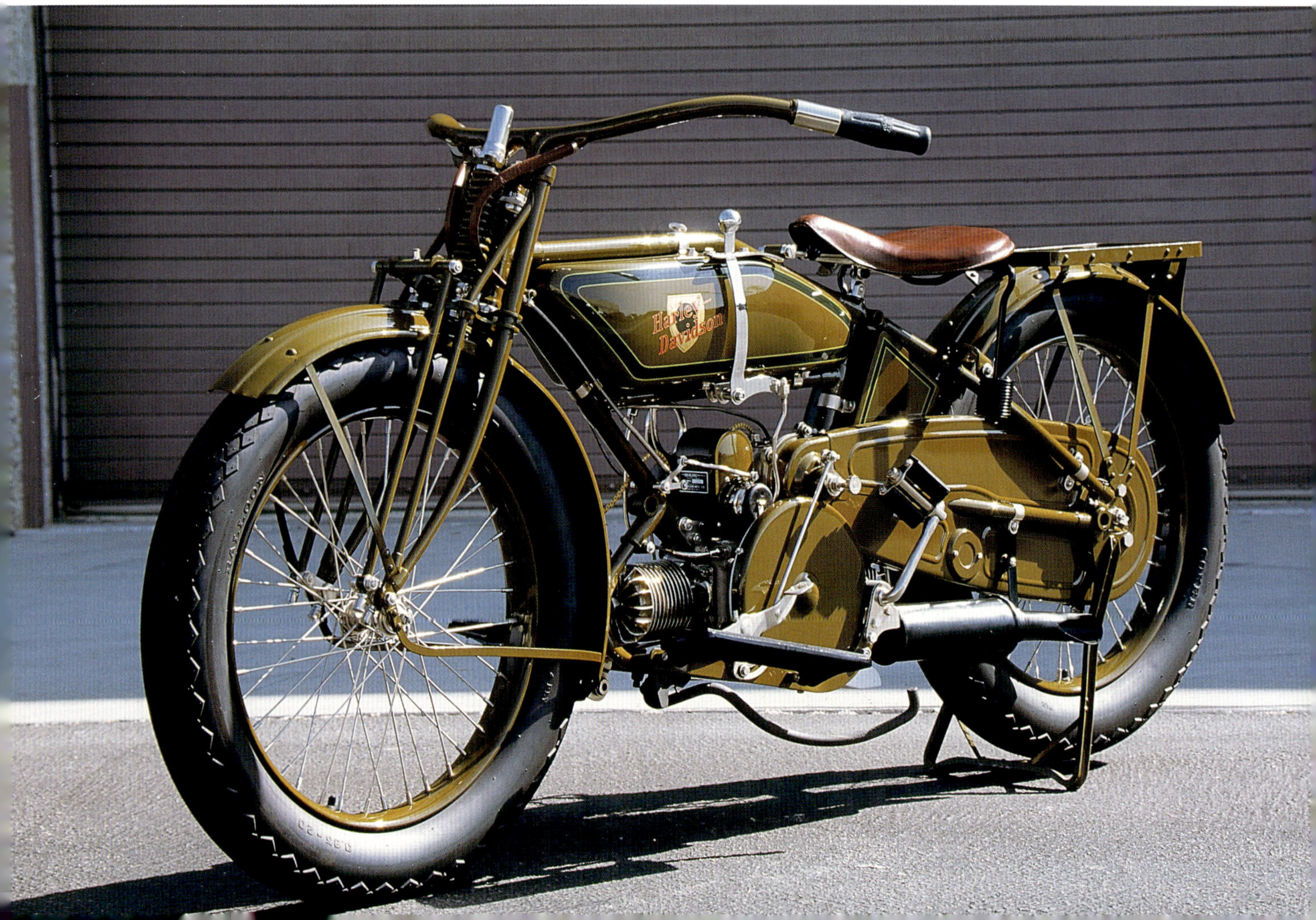

Sehr beliebt waren weiterhin die Langstreckenrennen und Gleichmäßigkeitsprüfungen.
Die Amerikaner erkannten aber schon früh, dass ein Ovalkurs wie bei heutigen NASCAR-Rennen ideal für die Zuschauer ist, die den größten Teil der Rennstrecke einsehen können. Neben den Dirt Track-Rennen gab es auch die so genannten Flat Track-Rennen, die sowohl vom Fahrer als auch von den Maschinen ein Maximum abverlangten. Die Rennen fanden in Thunderdomes, auch Todesbahnen genannt, statt. Die holzbeplankten Ovalkurse mit überhöhten Kurven lockten jede Menge Zuschauer an und machten die waghalsigen Piloten zu Helden. Leider gab es immer wieder schwere Unfälle, die manchmal sogar tödlich endeten, und so wurde der Sport Ende der 20er Jahre eingestellt.
Die W Sport Twin mit lediglich 584 ccm hatte nur ca. 6 PS, doch durch den konsequenten Leichtbau wog das Motorrad nur 120 kg und wurde so zum Schrecken der Konkurrenz. Ein weiterer Vorteil war der niedrige Schwerpunkt, der durch die Boxer-Bauweise erreicht wurde. Die Sport Twin, die in der Serienversion ca. 80 km/h schnell war, kam von Anfang an als extrem zuverlässiges und wartungsfreundliches Motorrad auf den Markt. Eine technische Besonderheit war zum Beispiel der geschlossene Kettenkasten, der gerade bei Langstreckenrennen für weniger Verschleiß der Kette sorgte. Der Vergaser wurde speziell gegen Staub geschützt, und sogar die Leitungen waren im Lenker verlegt.
Der Motor wies einige Besonderheiten auf, die erst viel später bei anderen Herstellern zum Einsatz kommen sollten. So wurden beispielsweise alle Ventile von einer Nockenwelle betätigt, was die bewegten Massen im Motor erheblich reduzierte. Dadurch drehte der Motor natürlich auch leichter hoch, was gerade im Rennbetrieb einen erheblichen Vorteil bedeutet. Das Motorrad war mit einem 3-Gang-Schaltgetriebe ausgerüstet, das über eine Fußkupplung und Handschaltung betätigt wurde. Der Einschleifen-Stahlrohrrahmen besaß hinten keine Federung und wurde vorn

Oben: Der Boxermotor glänzt bauartbedingt durch nahezu völlige Vibrationsfreiheit: Große Schwungscheibe auf der linken Motorseite und Magnet über dem Motor.

Links: Vergaser am hinteren Zylinder.

Die rechte Motorseite wird dominiert von der gekapselten Schwungscheibe und dem hoch angesetzten – und ebenfalls geschlossenen – Kettenkasten. Gut zu sehen sind Fußkupplung und Kickstarter.

von einer offenen Feder-Dämpfereinheit abgefedert. Der gefederte Sitz bildete mit dem Tank und dem Gepäckträger eine gerade Einheit, was das Motorrad schon optisch sehr sportlich erscheinen ließ.

Gebremst wurde auch bei der Sport Twin bis zum Produktionsende im Jahre 1923 nur hinten. Das Motorrad rollte auf 26-Zoll-Felgen, auf die Reifen der Größe 3,00 x 26 aufgezogen waren. Der Motor war im Jahr 1919 nur mit einer Magnetzündung erhältlich. Ab dem Baujahr 1920 war dann wahlweise auch eine Zündung mit elektrischer Lichtanlage erhältlich. Es wurden jedoch von den insgesamt 9073 produzierten Sport Twins nur 2569 Modelle mit der elektrischen Anlage ausgeliefert, was ganz eindeutig ein Zeichen dafür war, dass die meisten der verkauften Motorräder für den Sporteinsatz gedacht waren.

Vergaser-Einlasskanal mit langen Ansaugwegen samt scharfen Kurven und Auspuff-Sammler sind in einem Bauteil vereint. Der Zusammenhang zwischen Einlass-Lufttemperatur und Motorleistung war 1919 offensichtlich noch unbekannt ...

Sportliche Linie: Eines der außergewöhnlichsten Harley-Davidson Modelle der Marken-Historie und zugleich ein Weg, der erfolgreich hätte begangen werden können. Heute ein begehrtes Sammlermodell.

Die Sport Twin war mit einem Preis von 335 US-Dollar ein Sportgerät für den ambitionierten Amateur, das noch erschwinglich war und vor allem sehr konkurrenzfähig, wie es viele Siege beweisen.
Zudem war das Motorrad sehr wartungsfreundlich und alle Teile waren gut zugänglich, ein entscheidender Vorteil bei Langstreckenrennen. So gewann beispielsweise der Harley-Davidson-Pilot Hap Scherer das Langstreckenrennen von New York nach Chicago über 1012 Meilen in einer neuen Rekordzeit von 31 Stunden und 24 Minuten. Weitere große Erfolge von Harley-Davidson-Fahrern waren zwei Siege beim 200-Meilen-Rennen von Los Angeles. Auch die Plätze 2 und 3 wurden von Harley-Fahrern belegt. Diese Dominanz zog sich durch das ganze Land, und brachte Harley den Ruf eines schnellen und sehr zuverlässigen Motorrades ein. Einen großen Anteil daran hatte natürlich das Werksteam, die so genannte Wrecking Crew, die auch nach dem Ende des offiziellen Werksengagements von Harley noch unterstützt wurde.

Technische Daten
SPORT TWIN (1919)

Fahrwerk:	Einschleifen-Stahlrohrrahmen, starr
Gabel:	gezogene Schwinge, ein Federbein
Motor:	Luftgekühlter 2-Zylinder-Boxer, längs im Rahmen aufgehängt, OHV, Magnetzündung, 3-Gang-Getriebe, handgeschaltet
Zylinder:	2, 180° Zylinderwinkel
Hubraum:	35,64 cubic inch
Leistung:	ca. 6 PS
Baujahr:	1919-1923

JH (1928)
Der erste „Two Cam“ Motor

Ende der 20er Jahre gab Harley-Davidson den nach einem Vierteljahrhundert Entwicklung doch ziemlich ausgereizten F-Head-Modellen einen rauschenden Abschied: Das Modell JH von 1928 brachte die Renntechnologie dieser Epoche auf die Straße und in die Hand des Privatkunden, der mit seinem Motorrad auch den Erfolg auf der Rennpiste suchte. Auf den Rennpisten und beim Hillclimbing hatten die Two-Cam-Werksmaschinen, teilweise sogar schon mit OHV-Ventilsteuerung und vier Ventilen pro Zylinder, den Kunden den Mund wässrig gemacht und die Konkurrenz von Indian auf die Plätze verwiesen. Davon konnten die Fahrer der Serienmodelle auf den staubigen Landstraßen des weiten Westens nur träumen. Die Serienmotorräder blieben in der Leistung dahinter zurück, was viele Motorradkäufer mit der sportlichen Indian Scout 101 oder Excelsiors Super X liebäugeln ließ. Das Klagen fand beim Management in Milwaukee ein offenes Ohr, schließlich waren die neuen Seitenventil-Motoren schon in der Erprobung, aber noch nicht zufriedenstellend in der Leistung.
Also packte man die gezähmte Version des Two-Cam-Rennmotors mit zwei Hubraumvarianten in das modifizierte Fahrwerk der J und JD Modelle, fertig war die Rennmaschine für die Straße. Viele Käufer der Two Cam hatten noch

Ob „Two Cam“ oder „Twin Cam“ – der JH sah man ihre sportlichen Werte nicht an. Weite Fender hielten den Schmutz der Landstraßen vom Fahrer fern.

Die beiden Nockenwellen sind zu ahnen. Ein Zahnradsatz treibt Ölpumpe und Zündmagnet.

die Rennsiege von Joe Petrali im Hinterkopf, der 1925 nicht weniger als drei Board-Track-Rennen mit über 100 Meilen pro Stunde Durchschnittsgeschwindigkeit gewonnen hatte. Die Aussicht auf ein Motorrad mit den „magischen" 100 mph / 164 km/h beflügelte so manchen Sportfahrer und öffnete deren Geldbeutel, auch wenn die Serien-Roadster nur um die 140 lief. Der Geldbeutel wurde durch den Betrieb des Privatrenners auch ohne Sporteinsatz noch etwas belastet: Zugunsten einer exakten und direkteren Ventilsteuerung hatte man bei den Stößeln auf die sonst üblichen Roller verzichtet. Ein Schritt, den man aufgrund der neu eingeführten, vom Gasgriff kontrollierten Ölpumpe riskieren wollte. Da auch noch auf das Kontrollfenster für das Motoröl verzichtet wurde, mussten Ölstand und Einstellung der Ölpumpe sorgfältig kontrolliert werden. Die exaktere Steuerung machte sich in besserer Verbrennung – und damit einer erhöhten Leistungsausbeute bemerkbar. Verschleiß an den zahnradgetriebenen Nockenwellen wurde von den Fahrern vernachlässigt: Je nach Renneinsatz kamen ohnehin oft neue oder eigene Nockenwellen zum Einsatz.

Die beiden Motorversionen unterschieden sich in Bohrung und Hub: Der 61 cubic inch Motor der JH besaß ein Bohrungs-/Hub-Verhältnis von 3 5/16 x 3 1/2 Zoll, während der größere 74,66 cubic inch JDH ein quadratisches Bohrungs-/Hub-Verhältnis von 3 7/16 x 4 Zoll aufwies. Das ermöglichte die Verwendung des gleichen Kurbelwellengehäuses für beide Modelle – eine enorme Ersparnis in Zeiten wachsenden Kostendrucks. Um das sportliche Image noch zu unterstreichen bekamen beide Modelle Magnesiumkolben mit einer Legierung, wie sie Dow Chemicals nicht einmal neun Jahre zuvor entwickelt hatte. Für Renneinsätze wurde eine

Links: Die Schaltung an der linken Tankhälfte.

Rechts: Die Neuheit des Jahres 1928: Vorderrad-Trommelbremse jetzt auch bei Harley-Davidson.

limitierte Serie von „Ricardo“ F-Head-Zylindern produziert und an ausgesuchte Rennfahrer verkauft. Die Verdichtung von 1:10 war für die damalige Zeit außergewöhnlich.
In diesem Jahr zeigte sich Harley ohnehin sehr experimentierfreudig: zwei V4 Flathead-Motoren mit 1300 und üppigen 1475 ccm wurden getestet, um den Vierzylinder-Reihenmotoren von Indian und Excelsior-Henderson Paroli zu bieten. Hätte man die Produktionskosten der Konkurrenz gekannt, hätte man schon von vornherein die Finger davon gelassen. Die Wirtschaftskrise machte den Versuchen ohnehin ein Ende – die Prototypen sind bis heute verschollen.
Die Optik der JH und JDH unterschied sich nicht wesentlich von ihren „zahmen“ Zeitgenossen: Fender, Springer-Gabel mit Werkzeugtrommel, Benzin/Öltank mit den typischen „Cutouts“ für die Steuerung des Einlassventils, Trittbretter und breiter Lenker. Welcher Laie kann heute einen Evolution-Motor vom Twin Cam unterscheiden? – Den Unterschied erkannte man nur auf der Straße, wenn man der Two Cam in den Auspuff blickte ...
Ein simples Detail machte die Harley-Davidson Modelle des Jahrgangs 1928 endlich zu „modernen“ Motorrädern, war aber bei seiner Einführung nicht unumstritten: Die Vorderradbremse. Erst mit dem Modelljahr 1928 speichte man in die Vorderräder eine geschlossene Trommelbremse ein! Während man heute weiß, dass zwei Drittel der Bremsarbeit vom Vorderrad verrichtet werden, fürchteten Motorradfahrer der 20er Jahre noch das blockierende Vorderrad, welches unmittelbar zu einem Sturz führen konnte. Angesichts der noch immer dominierenden Schotter- und Staubpisten keine unbegründete Angst. Einige Fahrer sollen sogar die Bremszüge ausgehängt haben, weil sie Stürze mehr fürchteten als aus mangelnder Bremsleistung irgendwo in die Hecken zu schießen. Unter heutigen Straßen- und Rennbedingungen lässt sich mit diesen Bremsen ein Blockieren eher schwierig bewirken. Das Image der Two Cam von 1928/29 lässt sich durchaus mit dem der Brough Superior SS 100, später der Vincent Black Shadow, einer Münch-4 sowie heutigen Edel-Rennern für den Straßengebrauch vom Schlage einer Honda NR 750 vergleichen. Die Ära der F-Heads ging mit einem echten Knaller zu Ende – dem der Big Bang an der New Yorker Börse folgte ...

Typenschilder: Die am Motor eingeschlagene Nummer zeigt Baujahr (28) und Typ (JH) des Motorrads.

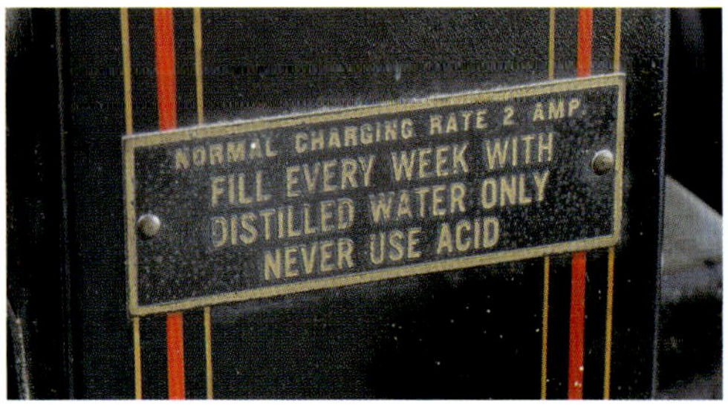

Rustikal – in der Schaltbox laufen alle Stränge zusammen.

Unten: Lampe, Hupe und Werkzeugkasten gehören zur Standardausrüstung.

Technische Daten

JH (1928)

Fahrwerk: Einschleifen-Stahlrohrrahmen, starr
Gabel: Springer
Motor: Luftgekühlter V2, IOE Einlass über Auslass-Steuerung, 2 Nockenwellen, Kettenantrieb, Magnetzündung, 3-Gang-Getriebe, handgeschaltet
Zylinder: 2, 45° Zylinderwinkel
Hubraum: 60,34 cubic inch
Leistung: ca. 29 PS
Baujahr: 1928-29

PEASHOOTER (1928)
Der Adler schießt mit Erbsen …

Motorsport in den USA hatte schon immer einen eigenen Charakter: Mit Beginn der Motorisierung am Anfang des 20. Jahrhunderts eroberte das Motorrad zunächst die bereits bestehenden Radrenn-Arenen. Als die Geschwindigkeiten schneller und die Rennen gefährlicher wurden, bekamen die Motorräder ihre eigenen, oft komplett aus Holz gezimmerten Rennstrecken, die „Boardtracks". Die Atmosphäre der Boardtracks, manche davon Stadien mit über einer Meile Streckenlänge, muss atemberaubend gewesen sein. Buchstäblich, denn die Motorräder hatten weder Auspuffanlagen noch Bremsen – und das bei Geschwindigkeiten um die 160 km/h und darüber. Nach mehreren schweren Unfällen – anders als im Circus Maximus in Rom flogen die Boardtrack-Racer auch gelegentlich über die Absperrung in die Zuschauer – verringerten sich die Zuschauerzahlen, und der Kriegseintritt der USA in den 1. Weltkrieg 1917 tat ein Übriges. Nach dem Krieg waren die riesigen Holzkonstruktionen verrottet und eine Wiederinstandsetzung nicht mehr lohnend. Nur wenige große Stadien retteten sich durch die zwanziger Jahre. Ein gleichwertiger Ersatz musste her – und er fand sich in den zahlreichen Pferderennbahnen, welche überall in den USA zu finden waren: Die „Roaring Twen-

Ein dominantes Rennpferd aus der Motorenschmiede in Milwaukee: Der „Peashooter" mit Dirt-Track Bereifung und „Race Ready".

ties“ waren die Geburtsstunde der „Dirt Tracks“.
Harley-Davidson hatte die Rennerei zunächst den Privatfahrern überlassen, sich aber dennoch mit den Erfolgen gebrüstet: „Wir können nichts dafür, wenn andere Leute mit unseren Maschinen Rennen gewinnen“, lautete der Slogan, doch 1915 stieg man voll in den Motorsport ein.
Der Sporteinsatz machte sich für Harley-Davidson schnell bezahlt: Das Image der Marke wurde von den zuverlässigen und schnellen Ein- und Zweizylindern bis weit in die Kriegszeit hinein geprägt – und als nach dem 1. Weltkrieg das große Herstellersterben begann, waren Siege ein eindeutiges Verkaufsargument der drei großen Hersteller Indian, Harley-Davidson und Excelsior-Henderson. Vorgestellt wurden die neuen Einzylinder in 1926: Komplett neu entwickelt waren die Modelle A, AA, B, und BA mit Seitenventil- und OHV-Motoren erhältlich. Die Seitenventiler lieferten aus ihren 21 cubic inch solide 8 PS, während es die „heißen“ OHV-Singles immerhin auf 12 PS brachten – und das Werksteam hatte immer noch ein paar Extra-Pferde in der Werkzeugkiste.
Einer der bekanntesten Fahrer der Peashooter war Harley-Legende Joe Petrali: Im Jahr vor der Einführung der Peashooter hatte Petrali die National Championship gewonnen und zusätzlich mehrere legendäre Boardtrack-Rennen wie die 300 Meilen (!) von Altoona, und das 100-Meilen-Rennen in Altoona mit einem Schnitt von über 100 mph (etwa 164 km/h). Das 10-Meilen-Rennen in Laurel/Maryland absolvierte er mit einem Schnitt von 111,18 mph. Mit der Peashooter räumte Petrali mächtig ab und gewann 1935 alle 13 Läufe der amerikanischen Dirt Track Meisterschaft. Sein Arbeitsgerät war das Modell AA, hier eine exzellent restaurierte Maschine von 1928, ein reinrassiges Rennmotorrad für den Einsatz auf den holprigen Dirt Track Pisten im „Wilden Westen“ der USA. Der Einzylinder-Motor sitzt in einem Einschleifen-Rohrrahmen mit starrem Heckteil – eine Bauart, wie sie sich bis heute bei den europäischen Speedway-Maschinen erhalten hat und für den schnellen Kurvendrift optimal ist. Die Telegabel besitzt einen minimalen Federweg, ist über der Federung aber durch zusätzliche Streben verstärkt. Durch die Kurven wird dieses Motorrad ohnehin nur gedriftet. Der nach unten gekröpfte Lenker erlaubte es dem Fahrer sich auf der Geraden möglichst klein zu machen. Nur dann wanderte der linke Fuß auf die vorgelegte Fußraste. Auf der Geraden fand der Fahrer auch die Zeit, die auf der linken Tankseite befindliche Ölpumpe mit der Hand zu betätigen – die rechte hielt den Gasgriff am Anschlag. Damit brachte es das – je nach Renntrimm – um die 109 kg leichte Rennbike auf über 100 km/h. Die Endübersetzung wurde auf die Län-

Zwei Nockenwellen, hängende Ventile, kurze Ansaugwege – für einen Motor des Baujahrs 1928 ist dieser Single außerordentlich modern aufgebaut.

Kompakt gepackt – Zündmagnet und Vergaser.

Unten links: Minimal – Lenkerklemmung und Gabelbrücken.

Unten rechts: Die Ölpumpe muss vom Fahrer per Hand betätigt werden.

ge der Strecke abgestimmt, denn die schnelle Erbse besaß weder Getriebe noch Bremse. Der Spruch „Wer bremst, verliert" konnte damals schon aus diesem Grund nicht entstanden sein: Motorradrennen in den USA waren auch in den 20er Jahren nichts für zarte Gemüter. Die „AA" war 1928 das meistgebaute Sportmodell der Einzylinder-Reihe, 65 Exemplare wurden gebaut und an Privatfahrer verkauft. Die Ausstattung war minimal: Alles an diesem Motorrad ist auf Rennbetrieb ausgerichtet: Kleines Schutzblech hinten, starrer Sportsattel, hohlgebohrte Kettenritzel – hier gibt es kaum noch Gewicht zu sparen, doch der eine oder andere Privatier setzte noch an den

Der nach unten gekröpfte Lenker gibt dem Fahrer die Rennposition vor.

Unten: Spartanisch – Rennsitz.

Schutzblechen und Haltern die Bohrmaschine an. So mancher Fahrer des „gezähmten“ Modell-B-Seitenventilers hat wohl im Traum auf einer schnellen AA gesessen – die B rollte immerhin 3483 Mal von den Fließbändern an der Juneau Avenue …

Technische Daten

A, BA PEASHOOTER (1928)

Fahrwerk:	Einschleifen-Stahlrohrrahmen, starr
Gabel:	Springer
Motor:	Luftgekühlter Einzylinder, Seitenventil-Steuerung, Kettenantrieb, Magnetzündung, 3-Gang-Getriebe, handgeschaltet
Zylinder:	2, 45° Zylinderwinkel
Hubraum:	21,09 cubic inch
Leistung:	ca. 8 PS
Baujahr:	1926-28

MODELL V (1930)
Mit Vollgas in die Weltwirtschaftskrise

„The Jig is up" lautete die kurze Nachricht, die der Börsenmakler von Groucho Marx seinem Kunden am 25. Oktober 1929 telefonisch mitteilte: „Die Party ist vorbei!" Wie viele andere Amerikaner hatte auch der Komiker einen Großteil seines Vermögens auf die ständig steigenden Börsenpapiere gesetzt, und binnen weniger Tage brach das gesamte wackelige Gerüst zusammen. Dem „Schwarzen Freitag" an der New Yorker Börse folgten Massenarbeitslosigkeit von geschätzten 13 bis 15 Millionen Werktätigen, Firmenzusammenbrüche im großen Stil und nicht weniger als 5000 Bankenpleiten! Plötzlich waren Model-T-Ford auf dem Gebrauchtmarkt für 15 bis 75 Dollar zu haben, Luxusschlitten wie Cadillac, Pierce-Arrow oder Packard waren zwischen 100 und 300 Dollar zu haben. Wer wollte da 340 Dollar für eine Harley-Davidson „V" auf den Tisch legen? – Da mochte die Maschine noch so neu sein.

Nachdem mit der Two Cam die Leistung des seit 1911 ununterbrochen in Produktion befindlichen F-Head-Triebwerks ausgereizt war, schwenkte auch Harley-Davidson voll auf den Seitenventiler um. Flathead-Motoren aus den Ford-Modellen und anderen Automobilen hatten sich als zuverlässig bewährt – und die Indian 101 Scout zeigte es auf

Das Modell V – eine Maschine an die sich Harley-Davidson Händler der 30er Jahre sicher mit gemischten Gefühlen erinnern. Nicht ohne Makel, aber in originaler Lackierung und mit Zubehör präsentiert sich dieses Exemplar.

Original oder „upgraded"? Dreht sich im Motorinnern noch die „alte" Hardware, ist die V ein Vermögen wert.

den Rennpisten gelegentlich auch den OHC-Rennern von Harley. Die geringeren Produktionskosten waren ein weiteres Argument, wie auch die Betriebssicherheit: Brach bei einem IOE-Motor (Einlass über Auslass) das Einlassventil, fiel es in den Brennraum und zerstörte Kolben und Zylinder. Diese Gefahr war beim Seitenventiler geringer. Auch die 30-V-Baureihe wurde mit dem klassischen Hubraum von 74 cubic inch entwickelt und 1930 in vier Versionen ausgeliefert: V, VL, VS und VC. In Sachen Verdichtung war die V mit 4:1 relativ weit unten angesiedelt und brachte damit auch gerade mal 28 PS an das Hinterrad. Lediglich die VS für den Seitenwagenbetrieb war noch niedriger verdichtet (3,6:1), die Leistungsausbeute für den Zweimannbetrieb mit Seitenwagen war damit katastrophal. Nicht genug, dass sich das Gewicht der V-Klasse gegenüber den „J" Modellen vom Jahr zuvor um über 50 kg erhöht hatte, auch ein Konstruktionsfehler im Motordesign war drauf und dran, den Ruf von Harley-Davidson zu ruinieren. Der radikale Schnitt von den F-Head Motoren zu den Flatheads ist aus heutiger Sicht kaum nachzuvollziehen, von der Produktionskapazität hätte man problemlos mehrere Modelllinien nebeneinander laufen lassen können. Zumal die „J" Modelle bei Händlern und Publikum beliebt und bewährt waren. Informationen über Verantwortlichkeiten und Probleme sind aus der „Factory" auch heute noch schwer zu bekommen – doch es wird gemunkelt, dass sowohl das Modell D, der 1929 eingeführte 45 cubic inch Flathead, als auch das Modell V ohne jede Werkserprobung und aus Marketinggründen ein Jahr zu früh auf den Markt geschickt wurden. Mit fatalem Ergebnis: Um die Drehfreudigkeit des Motors und die Sprinteigenschaften zu verbessern, hatte man die Kurbelwelle bis an die Grenze des Machbaren erleichtert. Damit beschleunigte die „V" furios drehend – allerdings nur bis 50 mph, wo die Leistung plötzlich rapide abfiel und zugleich die Vibrationen unerträglich wurden. Kaum waren die ersten Motorräder bei den Händlern angekommen, montiert und probegefahren, hagelte es Proteste. Diese Schwäche hätte man bei Testfahrten im Werk sicher erkannt. Nun lief die Pro-

Links: Tachoantrieb vom Hinterrad.

Rechts: Der Vergaser.

duktion – und die Maschinen waren unterwegs in alle Welt!
Die Händler standen an der Front: Kunden verlangten enttäuscht ihr Geld zurück und Harley forderte von ihnen Loyalität.
In der Entwicklungsabteilung wurde Tag und Nacht an dem Problem gearbeitet – und binnen Wochen ein neuer Motor entwickelt: Mit schwererer Kurbelwelle, welche aber – wegen des größeren Durchmessers – auch noch ein neues Motorgehäuse erforderte!
Das größere Motorgehäuse aber – man ahnt es schon – brauchte natürlich einen geänderten Rahmen, der ebenfalls binnen kürzester Zeit nachgereicht wurde. Harley-Davidson ließ die Änderungen sofort in die Produktion einfließen, doch die Arbeit an den schon ausgelieferten Maschinen blieb an den Händlern hängen: Zwar bekamen diese die neuen Teile „frei Haus" geschickt, doch die komplette Demontage von Rahmen und Motor war sehr zeitintensiv und ging zu Lasten der Händlerschaft.
Von der Gabel bis zum Heckfender mussten alle Teile vom Rahmen abgebaut und der Motor in alle Teile zerlegt und wieder zusammengebaut werden. Und das ohne einen Cent zusätzlich verlangen zu können. Über 1300 Maschinen sollen betroffen gewesen sein – weltweit. Zusammen mit der Einführung der „D" war dies eines der größten finanziellen Desaster in der Geschichte von Harley-Davidson. Verschiedene Händler wechselten daraufhin zu anderen Marken oder schmissen angesichts der Wirtschaftskrise gleich das Handtuch.
Waren die Exportzahlen zu Anfang der Depression noch eine Stütze des Verkaufs, machte sich mit der Ausweitung der Weltwirtschaftskrise ein Einbruch der Absatzzahlen auch in anderen Ländern bemerkbar. Im Sommer 1929 war der letzte der großen Boardtracks in Rockingham/New Hampshire demontiert worden, nachdem im Frühjahr noch einmal die schnellen Rennmaschinen über die Planken gedonnert waren – wahrlich, die Party war vorbei ...

Links: Der Tacho ist auf dem Tank montiert.

Rechts: Die Doppelscheinwerfer hatten nur ein kurzes Gastspiel.

Das Modell „V" war auch in Sachen Design nicht unbedingt ein großer Wurf. Die im Ur-Zustand belassene Maschine würde dies auch ohne die Rost-Patina belegen.

Unten: Der Beifahrer-Sattel: Eigener Handgriff für die Lady

Technische Daten
MODELL V (1930)

Fahrwerk:	Einschleifen-Stahlrohrrahmen, starr
Gabel:	Springer
Motor:	Luftgekühlter V2, Seitenventil-Steuerung, Kettenantrieb, Batterie-Spulenzündung, 3-Gang-Getriebe, handgeschaltet
Zylinder:	2, 45° Zylinderwinkel
Hubraum:	74 cubic inch
Leistung:	ca. 30 PS
Baujahr:	1930-1936 V/VL

SERVICAR (1932)
Harley's Dauerbrenner auf drei Rädern

Im Rennen um die Frage, welches Modell bei Harley-Davidson am längsten in Produktion war, gab es bis vor wenigen Jahren eine Überraschung: das Servicar! Erst die „Sportster" Baureihe – 2007 50 Jahre alt geworden – überflügelte die Produktionsdauer des robusten Dreirads. Vorgestellt im Frühjahr 1932 und produziert bis 1973, war das „Servicar" Harley's Antwort auf das Indian „Despatch Tow", welches kurz zuvor von Harley's größtem Rivalen vorgestellt worden war. Dreirädrige Motorrad-Umbauten für kommerzielle Zwecke gab es vor allem im fernen Osten, in den USA hatten sich kleine Shops vorwiegend mit umgebauten Seitenwagen-Maschinen mit Kastenaufbauten beholfen. 1932 war eines der schlimmsten Jahre der Depression – weltweit war die Wirtschaft durch den Börsencrash von 1929 heruntergefahren – beide Hersteller suchten verzweifelt nach neuen Absatzmärkten und neuen Produktideen. Nicht gerade hilfreich war die Tatsache, dass im britischen Commonwealth die Einfuhrsteuern für amerikanische Produkte bei 30 % blieben, während die für englische Produkte auf Null gesenkt wurden. Diesen Preisvorteil konnte Harley nicht ausgleichen. Da Privatleute in den USA, bedingt durch die hohe Arbeitslosigkeit, kaum große Finanzmittel für neue Motorräder

Neue Kundenkreise dringend gesucht: Der erste Servicar von 1932 war vielfältig einsetzbar und wurde bis in die 70er Jahre produziert.

45 cubic inch forever: Dank des Servicar lebte der Seitenventiler bis 1973 fort!

locker machen konnten, waren die verbliebenen Märkte die Polizei und kommerzielle Anwendungen. Der „Servicar" bezog dabei den Namen aus seiner Funktion: dem Automobil-Service. Schon damals wurde Kundenbetreuung bei den Werkstätten groß geschrieben: Der Mechaniker holte die Autos beim Kunden ab und brachte sie nach Inspektion oder Kundendienst auch wieder dorthin zurück. Damit kein zweiter Mann abgestellt werden musste, besaß das „Servicar" einen Schlepphaken an der Gabel. Damit wurde das Dreirad an die Autostoßstange gehängt und rollte hinter dem Auto gezogen mit zurück zur Werkstatt. Nach getaner Arbeit brachte der Mechaniker das Auto dem Besitzer zurück und fuhr auf dem Dreirad zurück in die Werkstatt. Die große Box bot ausreichend Platz für Werkzeug und Ersatzteile zur Pannenhilfe – doch für das Abschleppen der riesigen, oft zwischen 1 und 2 Tonnen schweren Luxusautomobile der 30er Jahre waren die etwas mehr als 20 PS der Maschine natürlich nicht ausreichend!

Eine weitere Funktion zielte auf die Verkehrskontrolle: Dafür hatte man den Gasgriff auf die linke Lenkerseite versetzt und ein speziell untersetztes Getriebe für Langsamfahrt eingebaut. Zur „Serienausstattung" gehörte auch der Kreidestock, mit dem nun die Reifen der geparkten Fahrzeuge vom Servicar aus bequem markiert werden konnte: Nach Ablauf der Parkzeit war das „Ticket" garantiert. In den schon damals chronisch überlasteten Innenstädten der USA gehörten die Servicars der örtlichen Traffic-Police bis in die siebziger Jahre zum normalen Straßenbild. Auch die „Meter Maids" rollten bequem auf den Polizei-Trikes, um ihr Strafzettel-Soll zu erfüllen. Wahrscheinlich haben dieses Harley-Modell mehr Autofahrer verflucht als jedes andere Motorrad in der Geschichte!

Das erste Servicar von 1932 besaß den 45 cubic inch Flathead des Modells „D" – für die niedrigen Fahrgeschwindigkeiten wurde die Verdichtung heruntergesetzt. Ein Hilfsrahmen stützte die Transportbox und die Hinterradachse. Gleich vier verschiedene Modelle unter den Bezeichnungen G, GA, GE und GD wurden angeboten. Angetrieben wurden die Räder hinten über Kette – die aus dem Automobilbau abgeleitete Achse besaß ein Differenzialgetriebe. Die stabile Gepäckbox war aus Blech gepresst, die ersten Modelle besaßen noch Speichenräder, welche schon bald durch die typischen Scheibenräder ersetzt wurden. Mit einer Feststellbremse konnte das Dreirad auch am Hang geparkt werden. Im Baujahr 1933 wurde dem Getriebe sogar ein Rückwärtsgang spendiert. Für die Armee baute man mehrere Prototypen mit „Knucklehead"-Motor und Kardanantrieb zur Hinterradachse – doch auch diese Entwicklung hatte gegen den Jeep keine Chance. Ab 1967 produzierte man die Box mit integrierten Fendern aus Kunststoff. Mit der Einführung des „W" Motors 1937 bekam auch der „Servicar"

Die große, aus Blech gefertigte Box, bietet reichlich Platz für Werkzeug und Ersatzteile.

das neue 45 cubic inch Triebwerk – und er sollte es bis in die 70er Jahre behalten! Dank des „Servicar“ wurde die „W“-Motorenbaureihe die bei weitem am längsten produzierte der bisherigen Harley-Davidson Geschichte: 37 Jahre rollten die Seitenventiler in Milwaukee vom Band. Die Produktionszahlen waren nie sensationell, aber über die Jahre gerechnet – ausgenommen die Vorkriegs- und Kriegsjahre – rollten fast immer über 1000 Servicars pro Jahr vom Band. Als der „Flathead“-Motor schon lange aus den Zweirädern von Harley verschwunden war, wurde der Seitenventiler ins 20. Jahrhundert gebracht: 1964 bekam das „Servicar“ als erste Harley-Davidson überhaupt einen Elektrostarter und ein 12-Volt-System. 1973 lief mit 425 gebauten Einheiten die Produktion des Servicar nach 41 Jahren (!) aus. Eine Rarität sind heute – neben den ersten Modellen des Jahres 1932 – auch die letzen Maschinen, die gegen Ende der Produktion noch mit Scheibenbremsen ausgestattet wurden: Ein Kennzeichen übrigens, dass die Einstellung der Produktion keineswegs im Voraus geplant war – warum sonst hätte man das Modell schon für die nächste Bremsengeneration weiterentwickelt? Seitdem gibt es keine kommerziellen Dreiräder mehr – und die Polizisten müssen wieder zu Fuß ihre Strafzettel austragen...

Die Handschaltung sitzt wie bei den Zweirädern auf der linken Tankseite.

Links: Blick auf Tank und Lenkkopf: Der Motorrahmen ist identisch mit dem Motorrad.

Rechts: Die hintere Trommelbremse lässt sich feststellen, um das Dreirad auch am Hang zu parken.

Frontalansicht: Der Servicar erregt Aufsehen, wo immer er rollt.

Unten: Erstklassig restauriert, ist dieses Servicar ein echtes Museumsstück.

Technische Daten

SERVICAR G (1932)

Fahrwerk:	Doppelschleifen-Stahlrohrrahmen, starrer Hilfsrahmen mit gefederter Metallbox
Gabel:	Springer
Motor:	Luftgekühlter V2, Seitenventil-Steuerung, Kettenantrieb, Batterie-Spulenzündung, 3-Gang-Getriebe, handgeschaltet
Zylinder:	2, 45° Zylinderwinkel
Hubraum:	45,26 cubic inch
Leistung:	18 PS
Baujahr:	1932-1972

VLD (1933)
Flatheads im Jugendstil

Knapp vier Jahre nach Beginn der Weltwirtschaftskrise befand sich Harley-Davidson im wahrscheinlich tiefsten Loch der Firmengeschichte. Der Motorradmarkt in den USA befand sich am Boden. Obwohl Harley mit Indian nur noch einen Konkurrenten im eigenen Land hatte, konnte man daraus kein Kapital schlagen: Die Verkäufe waren gegenüber Mitte 1929 um 70 Prozent zurückgegangen. Die Arbeitslosen hatten andere Sorgen als neue Motorräder zu kaufen. Die Aussichten waren schlecht, wodurch auch Geschäftsleute die Anschaffungen weiter hinausschoben oder sich mit den billigen Gebrauchtmaschinen der bankrott gegangenen Firmen versorgten. Die Modelle VL (886 Stück) und VLD (780) waren die mit weitem Abstand am häufigsten produzierten Modelle des Jahrgangs 1933. Gut, dass man die Motoren der V-Baureihe schon in der Zeit vor der Krise entwickelt hatte. Damit hatte man eine solide Basis zur Motorisierung der Maschinen, jetzt musste man nur noch die Optik den Kundenwünschen anpassen. Kurz gesagt: Der Markt für olivgrüne Maschinen war mehr als gesättigt.

1930 hatte die V-Baureihe die Two Cam Modelle der J und JD Baureihe abgelöst. Die Brennräume der Motoren waren vom damaligen „Motorenpapst“

Ein echtes Schmuckstück im Art-Déco Design: Mit der VLD begann bei Harley-Davidson eine neue Ära.

Harry Ricardo gestaltet worden, um Verbrennung und Leistung zu optimieren. Dabei konnten die nun komplett seitengesteuerten Motoren mit unterschiedlich hohen Kolben ausgerüstet werden, um die Leistung zu variieren. Die VLD war als „Sport Solo“ das Top-Bike der Modell-Linie und bekam zur hohen Verdichtung auch noch besonders leichtgewichtige Kolben aus einer Aluminium-Magnesium-Legierung spendiert. Auf dem „Y“ Manifold saß ein M-21 Linkert-Vergaser zur Benzinzerstäubung.

Eine komplette Änderung der Firmenpolitik machte man bei der Lackierung, zweifellos ebenfalls auf Grund der Absatzschwierigkeiten: Zum ersten Mal in der Firmengeschichte bot Harley-Davidson verschiedene Grundlackierungen ohne Aufpreis an. Mit dem Art déco-Adler auf dem Tank bot man zudem ein neues Motiv im populären Art déco-Look an. Der Schritt konterte Indian's farbenfrohe Bikes, war doch der Konkurrent aus Springfield/Massachusetts im Besitz der Familie DuPont – und die hatte den direkten Draht zu den besten Farben der Zeit. Harley-Davidson konterte mit Silver/Turqoise, Black/Mandarin Red, Sunshine Blue/White, Police Blue/White und Brilliant Green/Olive – alles mit aufwändigen Pinstripes, welche damals noch per Hand aufgetragen wurden. Ab diesem Baujahr sollten Harley-Davidson Motorräder auch durch ihre Farbe auf sich aufmerksam machen – in leuchtenden Tönen.

Das Motorradfahren war 1933 noch immer eine Angelegenheit, welche die volle Aufmerksamkeit des Fahrers erforderte: Fußkupplung, Handschaltung, Verstellung des Zündzeitpunkts, und die Straßenverhältnisse in Europa und den USA waren damals noch eher auf Pferdefuhrwerke und Kraftwagen denn auf Motorräder eingestellt. Lediglich mit Seitenwagen konnte man einigermaßen problemlos über die Straßen der Zeit driften, die sich vor allem bei Regen in Rutschbahnen verwandelten. Und damit sind nicht nur die unbefestigten Landstraßen zwischen den Ortschaften gemeint: Wer einmal ein modernes Zweirad auf Kopfsteinpflaster bewegt hat, kann sich ein wenig in die Probleme eines Harley-Riders von 1933 hinoinversetzen. Zumindest in der Presse und bei den Fahrern erntete die VL-Baureihe begeisterte Zustimmung: Die Kupplung trennte exakt, und die drei Gangstufen des Getriebes ließen sich leicht durchschalten. Man betätigt

Kernstück des Bikes. Der 47-cubic-inch-Seitenventiler.

Links: Mehr Lufteinlass als Filter.

Rechts: Auf Hochglanz poliert: Handschaltung.

die Fußkupplung und legt den ersten Gang ein, was besonders am Hang ein Kunststück ist, wenn man zeitgleich die Maschine mit der linken Hand bremsen muss. Der rechte Fuß für die Fußbremse stützt ja die Maschine. Dann dreht man vorsichtig am Gas während die Kupplung behutsam gelöst wird und sich das Motorrad in Bewegung setzt. Nach wenigen Metern kann man schon in den 2. und 3. Gang schalten. Zündverstellung anpassen – und schon lässt sich die vorbeifliegende Landschaft genießen. Mit der hohen Verdichtung dürfte eine VLD etwas mehr als 32 PS geleistet haben, bei einem recht beeindruckenden Drehmoment, welches schaltfaules Fahren auch bei niedrigen Drehzahlen möglich machte. Mit den Trommelbremsen der damaligen Zeit hieß es schon damals „vorausschauend fahren" – Hindernisse gab es mehr als genug.

Erst mit dem Modelljahr 1934 sollte Harley-Davidson vom Prinzip der Verlustöl- auf die Trockensumpfschmierung umsteigen. Die Handpumpe für die Zusatzschmierung bei schwierigen Wetter- und Fahrbedingungen und Top Speed wurde dennoch einige Zeit beibehalten. Die technischen Änderungen und Verbesserungen an den VL-Modellen sollten sich während der gesamten VL-Geschichte fortsetzen.

Eine kleine historische Anekdote für die Motorräder der VL-Baureihe ist aus den Wirren des spanischen Bürgerkriegs von 1936-1939 überliefert, wo während der Belagerung der Festung Alcazar eine Harley-Davidson VL des Jahrgangs 1933 zum Einsatz kam. Die Belagerten hatten bei der Maschine das Hinterrad ausgebaut und den Motor einfach nonstop zur Stromerzeugung laufen lassen,

Links: Das kleine Rücklicht mit offen verlegtem Kabel.

Rechts: Rückspiegel links.

Komplexe Instrumente verteilen sich auf dem Tank.

Unten: Der grafische Adler läutet eine Periode modischer Designs ein, aus der die Firmengeschichte bis heute schöpft.

bis sie von Francos Truppen zur Kapitulation gezwungen wurden. Es kündigte sich damals auch schon an, dass bald wieder olivgrüne Farbe benötigt werden würde ...

Technische Daten
VLD (1933)

Fahrwerk: Doppelschleifen-Stahlrohrrahmen, starr
Gabel: Springergabel
Motor: Luftgekühlter V2, Seitenventil-Steuerung, Kettenantrieb, Batterie-Spulenzündung, 3-Gang-Getriebe, Handschaltung
Zylinder: 2, 45° Zylinderwinkel
Hubraum: 74,21 cubic inch
Leistung: ca. 32 PS
Baujahr: 1933–1936

EL 61 OHV (1936)
Die erste Knucklehead

Obwohl Harley-Davidson durch den Börsencrash von 1929 stark gelitten hatte, wurde die Company dennoch nicht müde, immer neue Modelle zu präsentieren. Trotzdem sanken die Verkaufszahlen im Jahr 1933 auf nur 3700 Motorräder, doch den Mitbewerbern erging es nicht besser. Harley-Davidson begann an einem neuen, moderneren Motor zu arbeiten, was in Krisenzeiten eine sehr mutige Entscheidung war. Zudem mussten neue Maschinen für die Produktion angeschafft werden, was gerade zu dieser mageren Zeit nicht leicht fiel, sich jedoch auszahlen sollte. Die Priorität dabei lag darin, technische Innovationen zu suchen, was der Company auch gelang. Allein im ersten Jahr der Knucklehead wurden 1678 Motorräder hergestellt, und mit der Harley-Davidson Motor Company ging es wieder bergauf. Die Verkäufe verteilten sich auf das Modell E mit mittlerer Verdichtung und 37 PS sowie das Modell EL mit hoher Verdichtung und 40 PS.
Die Entwicklung des Knucklehead OHV-Motors, der wegen der Form seiner Rockerboxen, die an Knöchel erinnern, so genannt wird, begann bereits in der wirtschaftlich schweren Zeit um 1933. Mit entwickelt wurde der Motor von dem Rennfahrer Joe Petrali, der natürlich viel Wert auf Leistung und Zuverlässigkeit legte.

Ein Klassiker auf zwei Rädern: Die Harley-Davidson EL von 1936.

Der Namen „Knucklehead" leitet sich von den typischen Zylinderkopf-Ventilabdeckungen ab, welche in der Form an Handknöchel erinnern.

Der 61-cu.in.-Motor – was knapp 1000 ccm entspricht – wurde nach internationalen Standards gefertigt, wie viele Motoren mit gleichem Hubraum. Der bereits 1935 in Produktion gegangene Motor hatte in der EL-Version gegenüber seinem Vorgänger glatte 10 PS mehr, was ihn zu einem sehr schnellen und durchzugsstarken Motor machte. Die EL erreichte damit unglaubliche 153 km/h und war somit in der Lage, die 1000-ccm-Konkurrenz weit hinter sich zu lassen. Der Motor mit nur einer Nockenwelle, auf der vier Nocken liefen, war leichter und vor allem auch leiser als seine Vorgänger. Das moderne Triebwerk hatte eine Trockensumpfschmierung mit einem separaten Öltank über dem Getriebe, was auch zu einem oft kopierten Markenzeichen der V-Twins aus Milwaukee werden sollte. Der Motor wurde über eine drehzahlabhängige Ölpumpe versorgt, die bei niedriger Drehzahl mehr Öldruck erzeugte. Als der über Stößelstangen und Kipphebel gesteuerte OHV-Motor in die Fertigung ging, war er leider noch nicht ganz ausgereift, und so kam es im ersten Jahr immer wieder zu Problemen mit der Ölversorgung und mit Öllecks, was jedoch im Jahr 1936 weitgehend beseitigt wurde.
Der „Knuckle" mit seinen glänzenden Motorteilen war und ist heute noch ein

Die Springergabel ist mit Federung und Dämpfung ausgestattet.

Links: Die Fußkupplung: „Suicide Clutch" ist mehr als nur ein Spitzname.

Rechts: Richtig Arbeit: Vier Gänge werden jetzt per Hand geschaltet.

optisch beeindruckend schöner Motor, der in ähnlicher technischer Form bis zur Einführung des EVO gebaut wurde. Bei guter Behandlung ist er ein treuer Freund auf Lebenszeit, wenn man sich die Vielzahl der heute noch existierenden Bikes betrachtet. Um den Motor herum entwickelte Harley-Davidson ebenfalls einige Neuigkeiten für die EL 61. So kam eine neue Kupplung zum Einsatz, die das Schalten des Vierganggetriebes erheblich erleichterte. Die Kupplung wurde mit dem linken Fuß betätigt, was ihr auch den Namen „suicide clutch" einbrachte.
Für die Gemischaufbereitung sorgte ein 32-mm-Linkert-Vergaser.
Der Motor war auch Ausgangspunkt für die Konstruktion eines neuen Motorrads, das auch sportlichere Biker ansprechen sollte. Es wurde ein neuer Rahmen entwickelt, der zwei Unterzüge zur Aufnahme des Motors hatte. Es war ein Starrrahmen mit einer Springergabel und einem sehr komfortablen Solositz, der natürlich gefedert war.
Das Werk überarbeitete zudem die komplette Bremsanlage, und so wurde ab dem Modelljahr 1936 mit vergrößerten und besser dosierbaren Trommelbremsen vorn und hinten gebremst.
Die Modelle E und EL bekamen ebenfalls einen neuen Tacho mit weißem Zifferblatt, das ab dem Baujahr 1937 auch einen Kilometerzähler hatte. Das auf 18 Zoll rollende Chassis erhielt am Heck einen zweiteiligen Klappfender, um das Wechseln des Speichenrades zu erleichtern. Der Preis der beiden Modelle war mit 380 US-Dollar identisch, was sicherlich der Grund für den Verkauf von wesentlich mehr EL-Modellen war, da sie ja schließlich mehr Leistung hatten.
Welches große Potenzial das Motorrad hatte, bewies der Rennfahrer Joe Petrali, der an der Entwicklung beteiligt war.
Im Jahr 1937 brach er mit einer EL 61 am Strand von Daytona den Geschwindigkeits-Weltrekord und erreichte 136,2 Meilen pro Stunde. Nach fünf

Links: Die Trommelbremse vorne.

Rechts: Ein Klassiker bis heute: Die verchromte Hupe von 1936.

Die Stromlinienform setzt sich durch: Die Knucklehead von 1936 entspricht dem Stil der Zeit.

Produktionsjahren wurde die Leistung des Bikes nochmals erhöht, indem Harley-Davidson den 1200-ccm-Knucklehead-Motor auf den Markt brachte, der für viele heute noch der Inbegriff eines Harley-Motors ist.

Links: Frontansicht: Noch sind die Fender dreimal so breit wie die Reifen.

Technische Daten
EL 61 OHV (1936)

Fahrwerk:	Doppelschleifen-Stahlrohrrahmen, starr
Gabel:	Springergabel
Motor:	Luftgekühlter V2 „Knucklehead", OHV-Steuerung, Kettenantrieb, Batterie-Spulenzündung, 4-Gang-Getriebe, Handschaltung
Zylinder:	2, 45° Zylinderwinkel
Hubraum:	74 cubic inch
Leistung:	ca. 40 PS
Baujahr:	1936-1947

MODELL U „POLICE" (1937)
Law and Order auf zwei Rädern

Motorräder ersetzten das Pferd als Transportmittel des Gesetzeshüters bereits ab dem Jahr 1909. Bezeichnenderweise waren es „Silent Grey Fellow" von Harley-Davidson, mit denen die Polizeibehörde von Pittsburgh ihre Einheiten ausstattete – und damit eine Tradition begründete. Bis heute werden die Big Twins in Polizei-Versionen angeboten, und Harley-Davidson offeriert bei seinen Demo-Rides in den USA auch immer Probefahrten für Polizisten, welche die aktuellen „Police"-Grundmodelle fahren können. Harley-Davidson Polizei- und Escort-Fahrzeuge waren schon immer ein Prestigeobjekt – und neben dem Schah von Persien setzten auch viele zu Recht und Unrecht gekrönte Häupter auf die Policebikes aus Milwaukee. Schon Mitte der 30er Jahre benutzen Polizisten in Shanghai, Rotterdam, Kolumbien und Kanada Harley-Davidson Polizeimotorräder. In Zeiten schwacher ziviler Verkäufe war der Absatz an die Gesetzeshüter eine solide Grundlage – und dementsprechend umkämpft zwischen den Herstellern. Zumal der Polizeieinsatz auch dem Markennamen ein gewisses Prestige bringt. Wer einmal auf eine Marke festgelegt war, so die Erwartung, würde seine Motorräder auch in Zukunft von dieser Quelle beziehen.
Dem Stand der Technik entsprechend

Modernste Ausstattung im Jahre 1937: Das Modell „U" mit Funkempfänger.

Der Seitenventiler der „U"-Baureihe ist auch heute noch ein zuverlässiger Motor.

bot Harley-Davidson für die Polizeimaschinen Sonderaustattungen wie Vorderradständer, Zusatzscheinwerfer zur Verfolgung und Ausleuchtung von Tatorten, Feuerlöscher und später auch Blinklichter, Radios und Funkgeräte an. Wind und Wetter ausgesetzt, auf den Straßen der damaligen Zeit – und nicht zuletzt auch den Tücken der Technik ausgeliefert – war der Streifenpolizisten-Dienst kein Zuckerschlecken. Auch konnte so mancher Gesetzesbrecher entkommen: „Wenn die Maschine nicht auf den ersten oder zweiten Tritt ansprang, konnte man den Geschwindigkeitssünder auch gleich fahren lassen", erinnerte sich ein Polizeibeamter an die 30er Jahre, „und wenn ich 10.000 Meilen gefahren bin, musste ich 5000 zusätzlich meiner Mütze nachlaufen ..."

Mit der Depressionszeit zu Beginn der 1930er Jahre kam ein weiterer Faktor hinzu: Die Verbrecher hatten die Polizei in Sachen Technik ausmanövriert. Autos mit V8-Motoren konnten über 80 Meilen pro Stunde auf die Straße bringen – trotz eines Gewichts von mehreren Tonnen. Die unkontrollierte Verbreitung der „Thompson" Maschinenpistole machte die Verbrecher den Gesetzeshütern auch in Sachen Feuerkraft weit überlegen. Der typische Polizeioffizier hatte lediglich einen sechsschüssigen Colt im Halfter – und konnte den im Fahren nur abfeuern, wenn er Linkshänder war, denn die Harley-Davidson hatte den Gasgriff rechts.

1933 und 1934 erklärte man dem Verbrechen den Krieg – und rüstete das bis dahin nur für Wirtschaftskriminalität und Bundesstaatsgrenzen überschreitende Verbrechen zuständige FBI auf. An der Front gegen Dillinger, Al Capone und die laut Presse allgegenwärtigen Bankräuber standen die Motorrad-Polizisten in der allerersten Reihe.

Immerhin legten auch die Motorradhersteller in Sachen Leistung nach: Ein Jahr nach der Knucklehead, die für den Polizeieinsatz vieler Gemeinden in der Wirtschaftskrise schlicht zu teuer war, stellte Harley-Davidson einen völlig neu entwickelten Seitenventiler vor: Das Modell „U". Mit satten 80 cubic inch Hubraum baute man den Motor in das

Links: Suchscheinwerfer: Für Tatorte und Verfolgung.

Rechts: Die Handschaltung ist jetzt an den runden Tankflanken montiert.

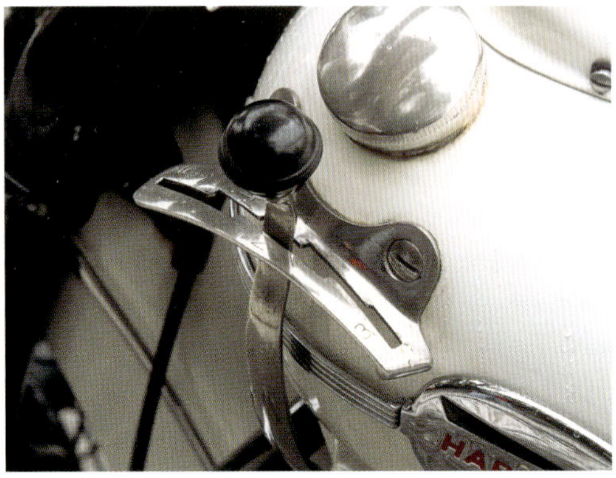

Fahrwerk der „E“ und benutzte auch Tank und Blechteile der Knucklehead. Das modern aussehende Motorrad besaß einen geschlossenen Ölkreislauf, und das hohe Motordrehmoment machte die Maschine vor allem bei Gespannfahrern beliebt. Beste Voraussetzungen also, um auch die schwere Polizeiausrüstung zu tragen.

Während Motorradpolizisten im frühen 20. Jahrhundert zunächst über Notrufsäulen Kontakt mit ihren Revieren hielten, kamen Ende der 20er Jahre die ersten Röhrenradios für die Squad Cars auf den Markt. Harley-Davidson bot die ersten Radio-Empfänger im Modelljahr 1935 an, wobei der Lautsprecher auf dem Lenker montiert war und aussah wie ein umgedrehter Scheinwerfer. Die Box mit dem Röhrenempfänger fand am Heck Platz. Wer die Vibrationsempfindlichkeit von Röhren kennt, wundert sich noch heute, dass dieses System überhaupt funktioniert hat. Hierbei handelte es sich nur um Empfänger, so dass der Officer nur Befehle und Hinweise empfangen konnte – was auf einem Motorrad auch nicht immer so einfach war. 1938 machte Harley mit dem Slogan „Get set for greater Traffic Safety“ Werbung für die „U“ und zeigt damit das Haupteinsatzgebiet der Motorrad-Cops: die Jagd nach Verkehrssündern. Die damals gebräuchlichen Seilzug-betätigten Sirenen sind noch heute ein beliebtes Zubehör.

Nicht nur für Polizei-Motorrad-Fans. Das Modell „U“ wurde mit seinen verschiedenen Varianten bis zum Modelljahr 1948 gebaut und für den Polizeieinsatz angeboten. Während der Kriegsjahre ruhte nicht nur die gesamte zivile Produktion: Selbst die mittlerweile über 3500 mit Harley-Davidson ausgerüsteten Police-Departments mussten ausführlich begründen, warum sie neuen Motorrad-Ersatz brauchten. Mit der Vorstellung der Panhead zum Modelljahr 1948 war auch die Zeit der Seitenventiler in den

Links: Der Röhrenempfänger auf dem Gepäckträger ist den Vibrationen voll ausgeliefert.

Rechts: Zusatz-Rückleuchten unter der Sitzbank.

Modern verkleidet – Instrumente und Leuchten sind jetzt integriert.

Unten: Dressed Up – mit diesem Nummernschildhalter wäre kein Polizist gefahren.

Solo-Polizeimotorrädern zu Ende. Heute sind alle „U“ begehrte Sammlermodelle, doch Polizeiversionen sind besonders schwierig zu finden: Es ist besonders das originale Zubehör, das diese Bikes zu echten Schätzchen macht.

Technische Daten

MODELL U „POLICE“ (1937-1948)

Fahrwerk:	Doppelschleifen-Stahlrohrrahmen, starr
Gabel:	Springer
Motor:	Luftgekühlter V2, Seitenventil-Steuerung, Kettenantrieb, Batterie-Spulenzündung, 4-Gang-Getriebe, handgeschaltet
Zylinder:	2, 45° Zylinderwinkel
Hubraum:	74 cubic inch
Leistung:	ca. 30 PS
Baujahr:	1937-1948

XA 1000 (1942)
Der Harley-Boxer

Die XA 1000 wurde von Harley-Davidson auf Anforderung der US Army entwickelt. Obwohl Amerika erst nach dem Überfall auf Pearl Harbour im Dezember 1941 in den Krieg eintrat, bereitete man sich schon seit Jahren in der Entwicklung darauf vor: Neue Flugzeugtypen, Panzer, Fahrzeuge und auch Motorräder wurden entwickelt. Die beiden verbliebenen großen Motorradhersteller der USA, Harley-Davidson und Indian, modifizierten beide ihre Serienmodelle für den Militäreinsatz – und lieferten die Maschinen auch vor dem Kriegseintritt der USA an kriegsbeteiligte Länder wie England und Frankreich. Eine Lieferung von 4000 Indian Scout für die französischen Streitkräfte liegt noch heute auf dem Grund der Biscaya, Opfer der deutschen U-Boote.

Besonders beeindruckt zeigte sich die US Army von den deutschen Seitenwagen-Boxern von Zündapp und BMW, welche in eigenen mobilen Einheiten im Polen- und Frankreich-Feldzug erfolgreich eingesetzt wurden – und seit 1941 auch in Russland und Afrika die Gegend unsicher machten. In wie weit man dabei auf den Propagandazauber von Goebbels' Wochenschauen hereinfiel – die Kradtruppen wurden ob ihres telegenen Auftritts oft und gerne in Szene gesetzt –, lässt sich wohl nie mehr herausfinden. Der Auftrag für je

Zu spät, zu schwer, zu teuer: Harley-Davidsons Militärmotorrad fand zu Recht keine Abnahme bei den Streitkräften.

BMW-Kopie: Der Boxermotor der XA dient später als Stationärmotor.

1000 Vorserien-Prototypen mit Kardanantrieb wurde an Indian und Harley-Davidson erteilt. Während Indian eine Lösung mit zahlreichen bereits bei der Sport Scout bewährten Komponenten entwickelte – genau betrachtet war der Motor der „841“ ein um 90 Grad gedrehter Scout-Motor – kopierte man bei Harley-Davidson das deutsche Original. Allerdings das falsche! Britische Truppen hatten in Afrika bereits diverse BMW R 75 Seitenwagen-Kräder erbeutet und es war dieses, neben der Zündapp KS 750 eingesetzte Modell, welches eigentlich nachgebaut werden sollte. Wie sich diese Maschine auf dem Weg über die US Army Erprobungsstelle schließlich in eine technisch zehn Jahre ältere BMW R 11 verwandelte, ist nie ganz geklärt worden – doch bei Harley-Davidson kopierte man getreu den Auftragsvorgaben den deutschen „Oldtimer“, ohne den Sinn zu hinterfragen. Die metrischen Maße wurden in Zoll übertragen, das Viergang-Getriebe wurde fußgeschaltet. Der Doppelschleifen-Rahmen mit Geradeweg-Federung hinten von der BMW abgeleitet – die WLA kam bis zum Ende des Krieges allerdings starr daher.

Für amerikanische Verhältnisse war die XA trotz ihrer zehn Jahre Entwicklungsrückstand ein modernes Motorrad: Seitengesteuerte Ventile waren Stand der Technik, daran hatte auch die Knucklehead von 1936 nichts geändert. Der 738-ccm-Motor lieferte 23 PS bei 4600 U/min, was einem Motorrad von 244 kg zu nicht gerade berauschenden Fahrleistungen verhalf. Das quadratische Bohrungs/Hub-Verhältnis war 3 $^{1}/_{16}$ inch bei einer Verdichtung von 5,7:1. Wie bei der BMW war der Ölkreislauf im Motor integriert, was einen Öltank überflüssig machte. Die beiden Tankhälften fassten etwas mehr als zwei Gallonen. Trotz eintausend gebauter Exemplare – weshalb manchmal auch die irreführende Bezeichnung „XA 1000“ zu lesen ist – kam die XA nie über das Erprobungsstadium hinaus. Getestet wurde die Maschine bei den Panzer- und Kavallerietruppen in Fort Knox, wo noch heute neben den Goldreserven der USA eine große Kaserne mit Museum liegt.

Links und Rechts: Das Gewehrhalfter verdeckt die Zusatzstoßdämpfer.

Bei der Erprobung wurden Scheiben- und Speichenräder getestet, doch die Entscheidung bei der US-Army war inzwischen zugunsten des Jeep gefallen. Mittlerweile hatte man auch bei der Army erkannt, dass man nur mit Schwierigkeiten gleichzeitig Motorradfahren und schießen kann – während in einem Jeep ein Soldat steuert und drei mit den Waffen sichern können. Harley-Davidson hatte sich an der „Jeep"-Ausschreibung ebenfalls mit einem luftgekühlten Boxer-Motor beteiligt, kam aber nicht zum Zug. Der Boxermotor erhielt dann noch in einer Generator-Einheit als Stromerzeuger seine Chance. Obwohl von vielen erwartet, wurde nach dem Krieg keine zivile Version der XA aufgelegt – wahrscheinlich saß der Misserfolg der „Model W" Sport Twins von 1919 noch in den Knochen. Der längs im Rahmen eingebaute 600-ccm-Boxer war alles andere als ein Verkaufsschlager. In der Literatur ist zu lesen, dass Harley-Davidson 1946 einen Prototyp mit Telegabel und moderneren OHV-Zylinderköpfen testete, aber wieder verwarf. Nicht zu vergessen: 1945 war die Technik der XA schon 15 Jahre alt. Nach dem Krieg wurden die verbliebenen XA für 500 US-Dollar an Privat-Interessenten verkauft, weshalb auch heute noch zahlreiche Maschinen in ziviler und militärischer Version auf Oldtimer- und Militärfahrzeug-Treffen rollen.

Die Instrumenteneinheit stammt von der WLA.

Links: Die Rücklichter sind gegen Fliegersicht abgedeckt.

Rechts: Hauptscheinwerfer, Hupe und das kleine Marschlicht für die Fahrt unter Kampfbedingungen.

Voll ausgerüstet und mit Scheibenrädern: Eine perfekt restaurierte XA.

Links: Die Schmieranleitung am Rahmen festgenietet.

Technische Daten

XA 1000 (1942)

Fahrwerk:	Doppelschleifen-Rohrrahmen, starr
Gabel:	Springergabel mit Zusatzstoßdämpfern
Motor:	Luftgekühlter Zweizylinder-Boxer, OHV, Kardanantrieb, 4-Gang-Getriebe, Handschaltung
Zylinder:	2, 180° Zylinderwinkel
Hubraum:	738 ccm
Leistung:	ca. 23 PS
Baujahr:	1942

WLA (1942)
Das Motorrad, das (fast) den Krieg gewann

Harley-Rider hören es wahrscheinlich nicht gerne, aber das Motorrad war nie eine kriegsentscheidende Waffe: Nicht im 1. Weltkrieg, als britische, französische und deutsche Truppen Maschinengewehre auf die Seitenwagen der ersten Motorräder montierten, manche sogar gepanzert – und auch nicht im Zweiten Weltkrieg, als die Kradschützen der Wehrmacht den Panzerverbänden Unterstützung gewährten, vor allem aber ein „gutes Bild" für die Propaganda der Wochenschauen abgaben.

Mit dem Eintritt der USA in den Krieg am 7. Dezember 1941 stand auch den amerikanischen Planern das Bild der schnellen motorisierten „Hunnen" noch im Gedächtnis, so erklärt sich auch die riesige Bestellung von Motorrädern bei den nach der Depression noch verbliebenen großen Herstellern Harley-Davidson und Indian. In der Realität gibt das Motorrad eine recht zweifelhafte Kampfmaschine ab, haben doch selbst geübte Fahrer schon mit der Bedienung des Gefährts alle Hände (und Füße!) voll zu tun. Ganz zu schweigen davon, dass der Rückstoß einer Waffe den Fahrer selbst vom Bike kicken würde.

Man könnte sich in der Phantasie eine „Wilde Horde" von Harley-Ridern vorstellen, die mit ihren Bikes aus den Landungsbooten herausschießen und den Strand aufwärts donnern – aber so

Das „Warhorse" für den Zweiten Weltkrieg: Die WLA rollte an allen Fronten als Verbindungsfahrzeug und für die Militärpolizei.

Robust und zuverlässig: Mit dem 741-ccm-Seitenventiler der WLA konnte sich jeder schnell anfreunden.

eine Husarenattacke hätte selbst ohne deutsche Maschinengewehre schon vor dem Strandwall geendet, welcher 1944 die gesamte Länge des „Omaha"-Strandes in der Normandie abriegelte. Tatsächlich gibt es weder ein bekanntes Foto – wie das von Ray Holtz „The first Harley entering Germany" im November 1918 – noch irgendwelche nennenswerten Geschichten von Harley-Davidson Motorrädern im Kampfeinsatz. Alle im „Enthusiast" gezeigten Action-Fotos waren gestellt – zum Glück für den Soldaten, denn die Blechplatte zum Schlagschutz unter dem Motor war nicht aus Panzerstahl – und wie smart es ist, hinter einem Benzintank vor Feindbeschuss in Deckung zu gehen, kann sich jeder selbst ausmalen.

Das Motorrad war eine Art Arbeitspferd: In Kurier- und Kontrollfunktion konnte die WLA ihren größten Vorteil ausspielen: ihre Wendigkeit. Ein nie geschriebenes Kapitel der Motorradgeschichte ist die Verkehrslenkung des Nachschubs aus der Normandie an die immer weiter entfernte Frontlinie ab August 1944. Geregelt wurde der ausschließlich auf Lastwagen rollende Nachschub durch die MP's auf ihren Harley-Davidson WLA. Tag und Nacht, bei Sonne, Regen und Schnee!

Obwohl die WLA erst im Modelljahr 1941 mit 2282 gebauten Exemplaren in der Produktionsstatistik auftaucht, gab es schon vorher Vorserien- und Testmaschinen, welche in Fort Knox von der US-Army getestet wurden. Den kommenden Krieg vorausahnend, plante man bei Harley-Davidson schon ab November 1938 – also kurz nach dem Münchner Abkommen und Hitlers letztem „friedlichen" Coup – den Einstieg in eine Kriegsproduktion. Die ersten beiden Prototypen der WLA wurden im August 1939 an das „Mechanized Cavalery Board" übergeben. Die hatten neben einer Hochglanz-Lackierung auch noch jede Menge Chromteile – noch war man ja nicht im Krieg. Die WLA besaß den 738 ccm (45 cubic inch) Motor der WL, heruntergesetzt in der Kompression und mit vergrößerten Kühlrippen, da die Maschinen vorwiegend in langsamer Fahrt im Einsatz sein würden. Zudem wurden die Gänge

Von oben nach unten: Die Luftfilterbox erlaubt auch einfachere Flussdurchfahrten.

Handschaltung am Tank.

Ein stabiler Gepäckträger.

des handgeschalteten 3-Gang-Getriebes auf den Militärgebrauch abgestimmt. Mit knapp 23 PS bei 4600 U/min hat die WLA an der militärischen Ausrüstung schwer zu schleppen: Gewehrhalter, Tourenscheibe, Packtaschen, Munitionsbox, Sturzbügel und ein stabiler Gepäckträger machten die Maschine schon im Normalbetrieb zu einem Lastesel mit über 260 kg! Die Scheinwerfer besaßen spezielle Blenden gegen Fliegersicht, und das Rücklicht war zur Sicherheit doppelt ausgelegt. Die Fender sind besonders breit und geben den Rädern genug Freiheit, den anfallenden Schlamm zu verarbeiten. Besondere Ansprüche stellte die US Army an die Tiefwatfähigkeit des Motorrads, weshalb eine spezielle Luftfilter-Box versetzt unter dem Sitz angebracht wurde. Langer Ansaugweg und der Luftfilter dämpften die Leistung zusätzlich. Alles in allem wurde die Maschine dem robusten Äußeren gerecht und bewährte sich auf allen Kriegsschauplätzen in Europa und im Pazifik. Mit dem Kriegseintritt 1941 baute Harley-Davidson die Kapazitäten deutlich aus und führte die 3-Schicht-Fertigung rund um die Uhr ein. Für die Kanadische Armee wurde die nahezu baugleiche WLC („C“ für „Canada“) gebaut. Insgesamt verließen 88.000 WLA die Produktionslinien in Milwaukee – und weitere 30.000 Maschinen wurden als „Ersatzteile“ unmontiert gebaut. Noch heute kann man auf Oldtimer-Märkten und bei

Links: Das kleine Marschlicht auf dem Fender sorgte für wenig Erhellung.

Rechts: Doppelrücklicht für mehr Sicherheit beim Kolonnenfahren.

Die WLA profitierte aus der Erfahrung von Harley-Davidson mit schlechten Straßenverhältnissen: Niedriger Schwerpunkt erlaubt gutes Handling.

Unten: Blick aus dem Sattel: Wo bitte geht's zur Front?

spezialisierten Händlern in Wachspapier verpackte WLA-Originalteile kaufen: Auch über 60 Jahre nach dem Ende des Zweiten Weltkriegs ist die Ersatzteilversorgung für diese Harley weiterhin auf Jahre hinaus gesichert!

Technische Daten
WLA (1942)

Fahrwerk:	Einschleifen-Stahlrohrrahmen
Gabel:	Springer
Motor:	Luftgekühlter V2, Seitenventil-Steuerung, Kettenantrieb, Batterie-Spulenzündung, 3-Gang-Getriebe, handgeschaltet
Zylinder:	2, 45° Zylinderwinkel
Hubraum:	45,26 cubic inch
Leistung:	23,5 PS
Baujahr:	1941-1945

SPORTSTER (1957)
Sportlichkeit und Design für Generationen...

Das in der Motorradgeschichte wohl am längsten gebaute Modell ist die Harley-Davidson Sportster. Im Jahr 1957 löste sie das ungeliebte K-Modell ab und begann den Siegeszug um die Welt. In einer Zeit, als die Jugend ihre Freiheit entdeckte, wuchs auch die Motorsportbegeisterung der Amerikaner, und Beschleunigungsrennen mit Motorrädern wurden werbewirksam vermarktet. Passend zu diesem Trend kam die Sportster auf den Markt, die mit 55 cubic inch, was ca. 850 ccm entspricht, für diese Zeit ausreichend motorisiert war. Der Motor lief zwar recht rau, aber Harley hatte den OHV-Motor entwickelt um schnell zu fahren und nicht um einen Preis für den leisesten Motor zu bekommen. Der Motor mit einer Verdichtung von 7,5:1 und einem Bohrung/Hub-Verhältnis von 3 x 3,812 inch leistete satte 55 PS und war damit ein wirklich sportliches Triebwerk mit reichlich Drehmoment. Mit dem Bike war Harley-Davidson in der Lage, die englische Konkurrenz nicht nur auf der Rennstrecke in Schach zu halten. Zwar war die Technik 1957 schon viel weiter, denn die Russen schickten den Sputnik ins All, und der erste kommerziell genutzte Atomreaktor wurde in Betrieb genommen, doch auch bei der „Sporty" hat sich Einiges getan. Das Modell XL, dessen Namensbezeichnung bis heute gültig ist, besaß

Schlicht und gut aussehend: Die XL „Sportster" war sowohl vom Namen als auch von Design her ein großer Wurf.

ein modernes Fahrwerk und wog nur knapp über 200 kg, was zu der Zeit und gerade für Harley-Davidson-Verhältnisse extremen Leichtbau bedeutete. Das Fahrwerk und die Bremsanlage waren mit den sensationellen 55 PS zwar etwas überfordert, doch das störte die vorwiegend junge und sportlich orientierte Käuferschicht wenig. Zudem zeigten sich die Schwächen des Fahrwerks erst im oberen Geschwindigkeitsbereich, was für amerikanische Verhältnisse normalerweise nicht relevant ist, und wie wir wissen, werden für den Rennbetrieb viele Veränderungen vorgenommen.
Das Konzept, Motor und Getriebe samt Primärantrieb in einem Gehäuse unterzubringen, hat sich bewährt und verlieh der Sportster zusätzliche Steifigkeit im Rahmen. Zudem erlaubt es eine sehr kompakte Bauweise, die bis heute beibehalten wurde. Da der Motor starr mit dem Rahmen verschraubt war, drangen zwar alle Vibrationen direkt an den Fahrer durch, doch auch das konnte man als pures Motorradfahren deuten. Das Bike rollte auf 18-Zoll-Rädern und war mit zwei Trommelbremsen ausgerüstet, was sich erst viel später ändern sollte. Der V-Twin OHV-Motor blieb mit wenigen Veränderungen auch jahrelang in der Sportster im Einsatz und erinnert noch heute an das erste Original aus dem Jahr 1957, obwohl die Entwicklung im Inneren des Triebwerkes ständig vorangetrieben wurde.
Erst 1987 wurde das Grundkonzept des Motors durch einen neu gestalteten Aluminiummotor ersetzt, der bis zur Modellerneuerung im Jahr 2003 gebaut wurde. In der Geschichte der Sportster tauchen immer wieder sehr sportliche Modelle auf, die auch auf den Rennstrecken sehr erfolgreich waren. Erinnern wir uns nur an die legendäre XR 750, die bei Flat Track und Dirt Track Rennen bis in die frühen 90er die Rennstrecken dominierte. Selbst Stuntfahrer wie Evel Knievel vertrauten auf das Sportbike aus Milwaukee, mit dem er unzählige Shows fuhr und natürlich auch diverse Rekorde brach. Ebenso wurde bereits 1958, also ein Jahr nach Erscheinen der XL-Baureihe, von Jack Heller mit einer 55 cu. in. Sportster der Speedrekord auf einem Salzsee auf 134,8 Meilen pro Stunde hochgeschraubt. Auch heute ist die Sporty noch ein beliebtes Dragstermotorrad, mit dem auf der ganzen Welt Viertelmeilen-Rennen gefahren und gewonnen werden. Auch die von der Rennstrecke abgeleitete XR 1000, mit zwei riesigen

Kompakt gebaut: Der 45° V-Twin der Sportster nutzt den verfügbaren Raum im Rahmen optimal aus.

Links und Rechts: Cleaner Look – die Trommelbremsen vorne und hinten verzichten zugunsten der Optik auf kühlende Oberfläche.

Vergasern und einer Leistung um die 80 PS, zeugte von dem Ehrgeiz der Entwicklungsabteilung, mit der Sporty einen neuen Markt zu erschließen, was jedoch in der geplanten Form nie vollständig gelang. Stattdessen wurde die Sportster als Einsteiger-Bike in die Harley-Familie oder als „Frauenmotorrad" gekauft. Dies erkannte natürlich auch die Marketingabteilung von Harley-Davidson und schuf Modelle wie die Hugger, die durch ihr tiefer gelegtes Fahrwerk auch für Fahrer bzw. Fahrerinnen geeignet ist, die ansonsten Probleme mit der recht hohen Bauweise der Sportster haben. Die Sportster war jedoch nicht nur bei Rennfahrern beliebt, sondern auch Elvis Presley war von dem Bike beeindruckt und legte sich ein Modell zu, auf dem er sich immer wieder gern fotografieren ließ. Wenn man den Museen und Hard Rock Cafés dieser Welt glauben schenken soll, dann müsste der King of Rock `n` Roll mindestens 20 solcher Maschinen gleichzeitig besessen haben. Denn so viele „Elvis-Bikes" sind weltweit verteilt zu sehen – sie alle hätten aber wohl nie in die Garagen in Graceland gepasst ... Da die Grundform der Sportster auch heute noch zu erkennen ist, zeugt das von einem Meisterstück der Designer. Denn welches Fahrzeug außer dem Porsche 911 und der Sportster ist in den Grundzügen des Designs noch heute klar mit dem ersten Modell vergleichbar?

Links: Viel Chrom und der Tacho in der Gabelverkleidung.

Rechts: Design-Klassiker – Sportster Stoßdämpfer.

Ein Schmuckstück auch nach heutigen Maßstäben – und mit 225 kg Gewicht erstaunlich leichtgewichtig.

Unten: Noch ein Teil für die Harley-Legende: die Hupe.

Technische Daten
XL SPORTSTER (1957)

Fahrwerk: Doppelschleifen-Stahlrohrrahmen, Stahlrohrschwinge, 2 Stoßdämpfer
Gabel: Telegabel
Motor: Luftgekühlter V2 „Ironhead" Sportster, OHV-Steuerung, Kettenantrieb, 4-Gang-Getriebe
Zylinder: 2, 45° Zylinderwinkel
Hubraum: 53,87 cubic inch
Leistung: ca. 40 PS
Baujahr: 1957-1959

DUO GLIDE (1964)
Das Flaggschiff der Company

Straßenkreuzer auf zwei Rädern: Die „Duo Glide" ist echt amerikanischer Barock.

Der Werbespruch von Harley-Davidson lautete in einem Prospekt aus den späten 50ern: „3-Punkt-Dämpfung bringt Motorradfahren in eine neue Dimension", und zudem wurde die hintere, hydraulisch betätigte Trommelbremse als technische Revolution angepriesen. Aus heutiger Sicht fast unvorstellbar, doch zum Produktionsbeginn der Duo Glide ein echter Meilenstein bei Harley-Davidson. Die ersten Duo Glide Modelle wurden bereits im Jahre 1958 von der Motor Company produziert und wurden zum Inbegriff des komfortablen Motorradfahrens.
Das Motorrad blieb bis zum Jahr 1964 im Programm, und es wurden in verschiedenen Ausführungen insgesamt ca. 37.000 Duo Glide Modelle verkauft. Es war eine Zeit, als der Rock ´n´ Roll seiner Glanzzeit entgegensteuerte, der technische Fortschritt immer schneller voranging, und auch die Straßenkreuzer in den USA immer größer wurden. Riesige Heckflossen thronten auf den Seitenteilen der Autos, die Mädels entdeckten den Pettycoat, und die Kirche warnte die Bevölkerung vor den Auswirkungen der „Negermusik" und den gesundheitlichen Schäden beim Twist tanzen. Also alles in bester Ordnung. Auch ein gewisser Elvis Presley, der Ende der 50er Jahre seinen unglaublichen Erfolg startete, war ein Harley-

Chromlastig – irgendwo passt immer noch ein Zubehörteil hin ...

Fan, doch wie viele der Duo Glides neben unzähligen Straßenkreuzern durch seine Hände gingen, ist wohl kaum noch nachzuvollziehen. Doch ähnlich wie die Musik des jungen hüftschwingenden Rebellen eine Epoche bestimmte, setzte Harley-Davidson mit der Duo Glide einen Meilenstein in der Firmengeschichte. Hört man sich heute einige Hits an, so erkennt man klar den Einfluss des Rock ´n´ Roll; und betrachtet man sich die Heritage Softail, so erinnert sie doch im Stil stark an die Duo Glide.
Das Motorrad war mit einem modifizierten Panhead-Motor ausgestattet, der im Laufe der Produktion immer wieder überarbeitet wurde. In der FLH-Version leistete der 1200-ccm-Motor dank der erhöhten Kompression und einer verstärkten Kurbelwelle satte 60 PS. Angesichts der üppigen Ausstattung des Motorrades war die Leistung auch notwendig um passable Fahrleistungen zu produzieren. Schließlich handelte es sich bei der Duo Glide um das zu der Zeit wohl gewaltigste Bike der Welt. Nur die Leistung zu steigern ist angesichts des Gewichts natürlich nicht genug, und so begannen die Techniker auch die Kühlung zu verbessern. Zur besseren Kühlung des Motors wurden die Rockerboxen aus massivem Material gefertigt und Kühlrippen an den Kipphebelabdeckungen angebracht. Im Laufe der Jahre erhielt der Motor diverse Änderungen, wie z.B. verstärkte Kipphebel, einen modifizierten Kickstarter, Single-Zündung mit einer Zündspule pro Zylinder und unendliche optische Modifikationen. Das Motorrad hatte eine 2-in-1-Auspuffanlage, die optional auch als Zweirohranlage erhältlich war. Obligatorisch waren natürlich die so genannten Fishtail-Schalldämpfer, die den Look prägten

Links: Fragil – diese Radaufhängung muss immerhin 350 kg führen.

Rechts: 1964 – das letzte Jahr, in dem noch gekickt wird.

und auch heute noch gern von den Harley-Fans verbaut werden.
Die Duo Glide erhielt ihren Namen durch eine weiterentwickelte Rahmenkonstruktion mit zwei Stoßdämpfern an der Hinterradschwinge, die passend zu dem überschwänglichen Design des Motorrades Chromcover besaßen. Mit Chrom wurde ohnehin nicht gespart und so waren sogar die Werkzeugbox, der Primärdeckel und viele Anbauteile verchromt. Für den neuen Rahmen war es auch notwendig, eine neue Gabelbrücke, einen neuen Öltank und eine geänderte Schwinge zu konstruieren, so dass man sagen kann, dass es sich um ein völlig neues Motorrad handelte. Gebremst wurde immer noch mit Trommelbremsen, doch inzwischen besaß die hintere Bremse eine hydraulische Betätigung, mit der die Bremskraft besser zu dosieren war. Das alles überzeugte auch die Polizei, und so bekam 1962 die Polizei von Milwaukee neue Duo Glides und Servicars von Harley-Davidson.
Im Jahr 1960 übernahm die Motor Company 50 Prozent des italienischen Motorradherstellers Aermacchi, um auch kleinvolumige Bikes und Motorroller anbieten zu können. 1962 beteiligte sich die Company auch noch an der Bootsfirma Tomahawk, die neben Booten und Golf Cars auch Windshields, Satteltaschen usw. herstellte.

Links: Haupt- und Zusatzscheinwerfer sorgen für gute Lichtausbeute.

Rechts: Chrom an Lenker und Armaturen.

Kantigeres Design an Tankdash und Lenkkopfabdeckung.

Unten: Der klassische Schriftzug, natürlich in Chrom.

Technische Daten

DUO GLIDE (1964)

Fahrwerk: Doppelschleifen-Stahlrohrrahmen, Stahlrohrschwinge, 2 Stoßdämpfer
Gabel: Telegabel
Motor: Luftgekühlter V2 „Panhead“, OHV-Steuerung, Kettenantrieb, Batterie-Spulenzündung, 4-Gang-Getriebe
Zylinder: 2, 45° Zylinderwinkel
Hubraum: 74 cubic inch
Leistung: ca. 60 PS
Baujahr: 1958-1964

ELECTRA GLIDE (1965)
Der elektrische Funke zündet...

Die E-Glide, die 1965 vorgestellt wurde, sollte auch gleichzeitig das letzte Modell mit dem Panhead-Motor sein, da die technischen Ansprüche der Kundschaft immer größer wurden. Der seit 1948 gebaute Motor war für das hohe Gewicht nicht mehr geeignet und wurde im Laufe der Bauzeit der E-Glide ausgetauscht. Die 1965 vorgestellte E-Glide sollte ein neues Zeitalter im amerikanischen Motorradbau einläuten. Das komplett ausgestattete Fulldresser Bike war ein Tourenmodell mit allen erdenklichen Extras, doch das warf auch Probleme auf. Der legendäre Name Electra Glide wurde von Harley-Davidson gewählt, weil es das erste Modell war, welches mit einem Elektrostarter ausgerüstet war. Das Motorrad lieferte natürlich wie bei jeder Modelländerung reichlich Gesprächsstoff für die Kritiker. So wurde der Elektrostarter belächelt, da richtige Männer ihre Bikes schließlich ankickten ...
Das Modell wurde in den ersten zwei Jahren wahlweise mit Elektro- oder Kickstarter ausgeliefert, wobei das freigewordene Loch des Anlassers durch ein Cover abgedeckt wurde. Zudem war das Kickermodell erheblich leichter, denn das Gewicht war auch das Problem bei den E-Modellen.
Die E-Glide war im Grunde eine weiterentwickelte Duo Glide, die allerdings

Electra Glide pur: ohne die typischen Accessoires wie Buddy Seat und Tourenscheibe.

einen neuen Rahmen bekommen hat. Die ersten Anlassermodelle sollten ihre Probleme haben, denn der Anlasser war erstens schlecht gegen Wasser geschützt und zweitens reichte die Batterieleistung nicht immer aus, um das Bike zu starten. So wurde die gesamte Elektrik von den Ingenieuren überarbeitet und wasserdicht ausgelegt, was mit allen notwendigen Veränderungen ein Mehrgewicht von fast 40 Kilogramm bedeutete. Darunter litt nicht nur die Fahrleistung des Motorrades, sondern auch die Bremsanlage, die nicht mehr ausreichend war, genau wie das Fahrwerk. So begannen die Techniker sich der einzelnen Probleme anzunehmen und es begann ein nicht endendes Flickwerk. Zuerst war da das höhere Gewicht, das auch den Rahmen an seine Grenzen brachte, der zusätzlich versteift wurde, um dem unruhigen Fahrverhalten Herr zu werden. Noch mehr Gewicht konnte nur durch mehr Leistung kompensiert werden, da das Tourenbike nun etwas schwachbrüstig war. So wurde der 1200-ccm-Panhead-Motor höher verdichtet, und es wurden andere Nockenwellen montiert. Durch die Veränderungen wurde der Motorlauf jedoch extrem rau, und auch die Kurbelwellenlager waren der Belastung auf Dauer nicht gewachsen. So beschloss die Motor Company, den Panhead-Motor in Rente zu schicken und einen neuen Motor zu konstruie-

Der Panhead-Motor war 1965 ausgereizt und sollte in den nächsten Jahren Schritt für Schritt weiterentwickelt werden.

Für Traditionalisten noch immer im Programm: Handschaltung.

ren. Der Shovelhead war geboren. Zwar bestand die erste Serie aus einem geänderten Panhead-Gehäuse, das mit stärkeren Lagern bestückt wurde und neu konstruierten, leistungsoptimierten Zylinderköpfen, doch die Rechnung ging auf. Der Motor hatte wieder die gewohnte Harley-Davidson-Qualität und war leistungsmäßig ausreichend für das 360 Kilogramm wiegende Flaggschiff der Company. Erst 1969 wurde der so genannte Early Shovel von den nachfolgenden Late Shovel Modellen abgelöst.
Spätere Exemplare, die auch als Alternator Shovel Modelle bekannt wurden, hatten dann einen neu konstruierten Motor. Die 1965er Electra Glide Modelle schöpften 54 PS aus 1208 ccm und besaßen ein Vierganggetriebe. Es gab zwei Ausführungen der Schaltung. Zum einen die Handschaltung, was auch daran zu erkennen war, dass sie einen kleineren Tank mit nur 14,2 Liter Volumen hatten, während die fußgeschalteten Modelle einen 19-Liter-Tank besaßen. Das Motorrad hatte einen Stahlrohrrahmen mit Teleskopschwinge und Stoßdämpfern hinten. Es rollte auf Reifen der Dimension 5,00 x 16, was einem 130er Reifen entspricht, der bis in die Neuzeit verwendet wurde. Das Bike war ab Werk in verschiedenen Lackierungen erhältlich, wobei die so genannten Farben Hifi-Blau und Hifi-Rot Hochglanzfarbtöne waren, die in

Links: Moderner Primärkasten.

Rechts: Der Hydraulikbehälter der hinteren Trommelbremse.

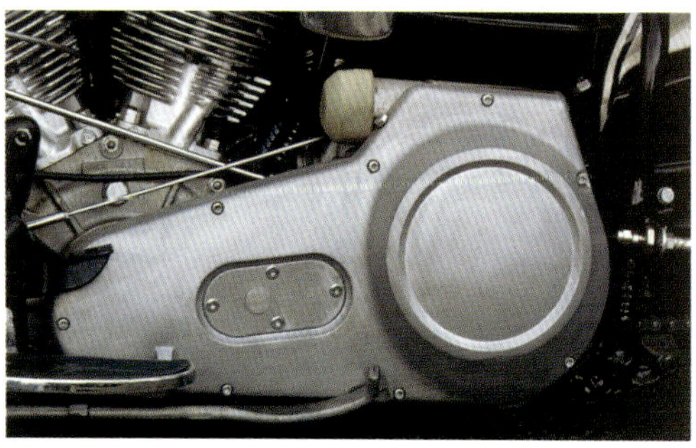

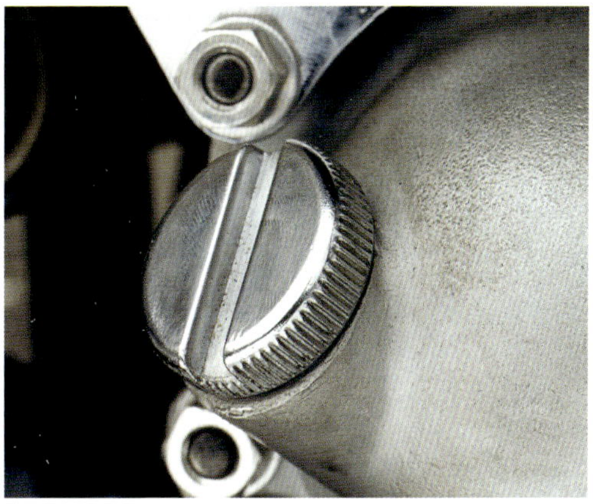

Links: Tageskilometer-Rückstellung.

Rechts: Getriebe-Öleinfüllschraube.

der Kombination mit Weiß angeboten wurden und an die heutigen Metallic-Lacke erinnern. Das Motorrad wurde von zwei Trommelbremsen verzögert, die auch modifiziert wurden um die E-Glide anständig herunter zu bremsen, auch wenn das Touringzubehör montiert war. So gab es beispielsweise Fiberglas-Koffer und einen Buddyseat für das Touringmodell.
Auch der Kettenantrieb wurde nach den ersten Modifikationen am Motor verstärkt und der gewachsenen Leistung angepasst. Im Jahre 1965 war durch die vielen aufwändigen Neuerungen – und aufgrund zunehmender Konkurrenz durch japanische Modelle auf dem amerikanischen Markt – die Kapitaldecke der Harley-Davidson Motor Company recht dünn, und so beschlossen die Eigner an die Börse zu gehen. Die Company wurde in eine Aktiengesellschaft umgewandelt, wobei die Familien Harley und Davidson die Aktienmehrheit von 53 Prozent behielten.

Unten: Massiv – die Batterie.

Technische Daten
ELECTRA GLIDE (1965)

Fahrwerk:	Doppelschleifen-Stahlrohrrahmen, Stahlrohrschwinge, 2 Stoßdämpfer
Gabel:	Telegabel
Motor:	Luftgekühlter V2 „Panhead“, OHV-Steuerung, Kettenantrieb, Batterie-Spulenzündung, 4-Gang-Getriebe, Elektrostarter
Zylinder:	2, 45° Zylinderwinkel
Hubraum:	74 cubic inch
Leistung:	ca. 60 PS
Baujahr:	1965

XLCH SPORTSTER (1968)
Then came Bronson …

1968 war ein Jahr des Wechsels und der Hoffnung: Mit der bevorstehenden Landung von Apollo 11 auf dem Mond schien plötzlich alles möglich – und der „Summer of Love" lag gerade mal ein Jahr zurück: Das Motorrad als Freizeitfahrzeug, als Lebensgefühl, als Ausdruck von Unabhängigkeit und Freiheit – das war der neue Trend, den nicht nur die japanischen Hersteller mit gefälligen und einfach zu bedienenden Modellen nach vorne brachten. Zuvor hatten Motorräder – vor allem Harleys, wie sie von den Outlaw-Clubs als bevorzugtes Fortbewegungsmittel genutzt wurden, vorwiegend als Pferdeersatz gedient. Die Bösewichter ritten damit in die Stadt um sie zu terrorisieren – und im richtigen Moment versagte das Pferd, damit das Gute siegen konnte. Die B-Movies der späten 60er waren voll mit Ketten rasselnden, öligen Bikern, denen man besser nicht alleine begegnete – ein Image, welches auch auf andere Harley-Rider abzufärben begann.

1968 war die Sportster-Baureihe bereits elf Jahre in Produktion – für die damalige Zeit schon eine beachtenswerte Dauer. Dabei war die Optik mehr oder weniger die gleiche geblieben, in der Technik aber wurde kräftig verbessert. 1965 kam die Umstellung der Elektrik auf 12 Volt, der Elektrostarter folgte 1967. 1968 war man sich des Elektrostarters so sicher, dass man auf den

Noch ein bisschen „Retro" im Design 1968, aber mit moderner Technik: Die Sportster von 1968.

Kickstarter verzichtete, zugleich spendierte man dem Modell eine neue Vorderradgabel.
Das Jahr 1968 ist weiterhin signifikant, weil Harley-Davidson zum ersten Mal eine spezielle Auspuffanlage montieren musste, um die verschärften Abgasvorschriften in einem US-Bundesstaat zu erreichen: Der „California Muffler" leitete eine neue Zeitrechnung ein. Bezeichnenderweise mussten nur die neuen Maschinen mit diesem Auspuff ausgestattet werden, der Kunde konnte nach dem Kauf sein Motorrad nach wie vor mit offenen und lauten Tüten seiner Wahl ausstatten – was die Mehrzahl auch tat. Es wäre heute ein Wunder, wenn solch eine Maschine die Zeit ohne Umbau überstanden hätte.
Für das Modelljahr kam eine weitere Vereinfachung der Bedienung hinzu: Die bisher manuell zu betätigende Zündverstellung beim Starten wurde auf Automatik umgestellt. Ebenfalls ein Tribut an die bessere Verbrennung und den Umweltschutz – nicht zuletzt auch ein Sicherheitsfaktor für die meist jungen Fahrer der Sportster-Motorräder, die mit dem seit Jahrzehnten gebräuchlichen Relikt aus der Urzeit der Motorradentwicklung nichts mehr am Hut hatten. Der Performance schadete dies nicht: Selbst mit dem „zugestopften" Westcoast-Auspuff leistete der 882,8-ccm-V-Twin noch 58 PS bei 6800 U/min.
Das Image der Sportster wurde durch Renneinsätze auf dem Dragstrip und bei der Baja California aufpoliert: Cal Rayborn war zwar bei seinem Daytona-Sieg 1968 noch auf einem KRTT-Seitenventiler unterwegs, aber die XR 750 befand sich schon in der Erprobung. Mit ihr sollte Harley-Davidson

Kraftwerk: Der Sportster-Motor von 1968 leistete fast 50 PS und konnte diese Marke unter geschickten Tuner-Händen auch deutlich überschreiten.

Der Serientank erfreute sich keiner großen Beliebtheit: Beim „Customizing“ wurden viele durch kleinere „Peanut“-Tanks ersetzt, wie sie Harley bald selbst verwenden sollte.

in der nächsten Dekade die Dirt Tracks dominieren.
Aufsitzen, Knopf drücken, losfahren
1969 war die Sportster ein so ausgereiftes Motorrad, dass es die „zweite Hauptrolle“ in Michael Parks Fernsehserie „Then came Bronson“ bekam. Charles Bronson ritt mit seiner „Ironhead“ Sportster von Folge zu Folge in neue Abenteuer. Eine bessere Fernsehwerbung sollte es für Harley-Davidson bis „Renegade“ nicht mehr geben.
Und diese Werbung hatte Harley-Davidson bitter nötig: 1968 war das Modellprogramm der V-Twins auf vier FL- und zwei XL-Modelle geschrumpft. Produktionszahlen liegen vor für die FL (1650 Einheiten), FLH (5300 Einheiten), XLH (1975 Einheiten) und XLCH (4900 Einheiten). Dazu kamen 600 GE Servicars für den Polizeieinsatz, welche noch immer von dem antiquierten Vorkriegs-Seitenventiler angetrieben wurden. Das waren nicht gerade beeindruckende Zahlen im Kerngeschäft des Motorradherstellers, doch man darf nicht vergessen, dass zu diesem Zeitpunkt die Produktion stark diversifizierte und zu den

Links: Tacho im Chromgehäuse der Gabel.

Rechts: Zusätzliche Verrippung kühlt das Motorgehäuse.

Auf dem Weg zum Chopper? Die Lenker passen sich dem Publikumsgeschmack an.

Big Twins noch eine große Zahl von Modellen mit 125 ccm, 250 ccm, 65 ccm und 50 ccm sowie Snowmobile und Golfwagen angeboten wurden. Am 18. Dezember 1968 – also schon mitten im Modelljahrgang 1969 – wurde Harley-Davidson von American Machine and Foundry (AMF) übernommen. Eine Finanzkrise bei Harley-Davidson hatte den Verkauf notwendig gemacht. Auch für Harley-Davidson war diese Zeit ein Jahr der Entscheidung.
Die damalige Popularität der Sportster lässt sich schon aus den Produktionszahlen ablesen – und sie sollte sich noch bis in die frühen siebziger Jahre fortsetzen. Erst als Willie G. Davidson 1971 die Super Glide auf Custom Look trimmte und den FLH-Rahmen mit der Sportster-Optik erfolgreich verschmolz, machten die Big Twin-Modelle wieder Boden gut. Doch die Erfolgsgeschichte der Sportster hatte zu diesem Zeitpunkt erst begonnen ...

Unten: Die Lampe sitzt tief in der Verkleidung.

Technische Daten
XLCH SPORTSTER (1968)

Fahrwerk: Doppelschleifen-Stahlrohrrahmen, Stahlrohrschwinge, 2 Stoßdämpfer
Gabel: Telegabel
Motor: Luftgekühlter V2 „Ironhead" Sportster, OHV-Steuerung, Kettenantrieb, 4-Gang-Getriebe
Zylinder: 2, 45° Zylinderwinkel
Hubraum: 53,87 cubic inch
Leistung: ca. 45 PS
Baujahr: 1958-1971

FL EARLY SHOVEL (1969)
Ein bisschen „Easy Rider"...

Basisversion: Oirginalgetreue 1969er FL sind heute so selten wie Schnee in der Sahara. Die meisten Maschinen fielen der Frühphase des Customizing in den 70er Jahren zum Opfer.

Die 1969er FL, ein Bike mit dem so genannten Early Shovel-Motor wurde in einem Jahr produziert, das für die Motor Company einen Imagewandel auslöste und zudem die Menschheit insgesamt einen Riesenschritt machen ließ. Mit den Worten „Ein kleiner Schritt für mich, aber ein großer Sprung für die Menschheit" betrat Neil A. Armstrong als erster Mensch den Mond. Edwin Aldrin stieg nur zwanzig Minuten später aus der Landefähre, beide Namen sind heute kaum noch bekannt. Auch die Reise zu anderen Planeten schien nun keine reine Vision mehr zu sein, sondern realisierbar. Anders verhielt es sich mit dem Kultfilm Easy Rider, der 1969 in die Kinos kam. Sowohl Dennis Hopper als auch Peter Fonda sind heute ein Begriff für jeden Biker, und etwas von den Beiden steckt heute noch in jedem Motorradfahrer. Die Unabhängigkeit, coole Custom Bikes und natürlich die legendären Klamotten der beiden Hauptdarsteller sind noch heute fester Bestandteil in den Köpfen, vielen Garagen und Kleiderschränken der Harley-Gemeinde. Viele Biker bauen heute noch Kopien des Captain America und immer wieder gibt es Geschichten und Gerüchte um den Verbleib des Originals, doch wer weiß das schon so genau. Schließlich wird ja auch von einigen Querköpfen behauptet, dass die Mondlandung die

teuerste Filmproduktion aller Zeiten gewesen sein soll ...
Im gleichen Jahr produzierte Harley ein Bike, das so gar nicht zu dem Film passte; doch wer sollte auch ahnen, dass diese Filmproduktion und die Bikes zu einem scheinbar nie endenden Kult werden sollten. Die eher bodenständige 1969er FL war eine so genannte Early Shovel, was sich daraus ergab, dass der Motorblock weitgehend dem der Panhead glich. Durch die Umrüstung auf 12 Volt wurde das gesamte Bike um einige Kilogramm schwerer, so dass mehr Leistung her musste. Neu gestaltete Aluminium-Zylinderköpfe mit erhöhter Verdichtung und neu gestalteten Kanälen ergaben so eine Mehrleistung von satten zehn Prozent gegenüber dem Panhead-Motor. Mit nun knapp 60 PS reichte das immerhin für 160 km/h, was bei den gegebenen Straßenverhältnissen absolut ausreichend sein sollte. Das auffällige Merkmal des Motors sind die Ventildeckel, die der Form der Sportster- Motoren nachempfunden waren und durch ihre „Schaufelform“ den Namen Shovelhead prägten.
Ab 1970 kam dann ein völlig neu konstruierter Motor zum Einsatz, der die Motorleistung auf 66 PS ansteigen ließ. Das 355 Kilogramm schwere 1969er Modell kostete damals 1900 US-Dollar und war mit optionalem Zubehör leicht auf über 2000 US-Dollar zu bringen. Die FL Electra Glide Super Solo, wie die Version vollständig hieß, war auch als Police-Ausführung erhältlich, was nicht nur den Preis, sondern auch das Gewicht nochmals nach oben trieb. Der 1200-ccm-Motor war seinerzeit mit einer Batterie-Spulenzündung ausgerüstet und wurde über einen 38-mm-Tillot-

Aufgeräumt: Der Shovelhead-Motor leistet nun um die 60 PS.

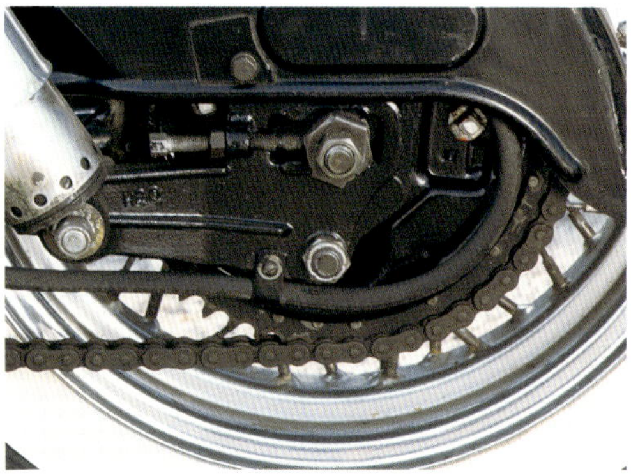

Links: Die Trommelbremse in der Hinterradnabe wird hydraulisch betätigt.

Rechts: Im Primärkasten verbindet eine Kette Motor und Getriebe.

son-Vergaser beatmet. Im Unterschied zu den Vorgängermodellen ist es ebenfalls ein auffälliges Merkmal, dass der Motor zur Abgas- und Geräuschreduzierung mit dem von der Sportster XL bekannten ovalen Luftfilter ausgerüstet war. Gebremst wurde das Modell, das mit einer Telegabel an der Front und einer Schwinge mit zwei Federbeinen im Heck ausgerüstet war, immer noch mit zwei Trommelbremsen. Hinten wurde sie allerdings schon hydraulisch betätigt. Ab 1972 bekam die FL eine Scheibenbremse an der vorderen Gabel, was den Bremsweg auf einen einigermaßen akzeptablen Wert verkürzte. Die FL wurde sehr zur Freude der Kundschaft mit einem E-Starter ausgerüstet, was von den „harten Jungs" – wie bei allen Änderungen, die das Motorradfahren vereinfachen – zwar als überflüssig und nur für Softis bezeichnet wurde, doch wie wir wissen, setzte sich diese Neuerung durch, und etliche geprellte und gebrochene Waden blieben der Kundschaft somit erspart. Wahlweise war eine Hand- oder Fußschaltung erhältlich, wobei sich, wie wir ebenfalls

Links: „Staubsaugerschlauch" – ein Spitzname der hängen blieb.

Rechts: Noch immer gefragt: Handschaltung. Die Lagerung sitzt jetzt am Rahmen.

Noch immer bremsen zwei Trommelbremsen das 350-kg-Paket.

Unten: Der Bremsflüssigkeits-Behälter für die hintere Bremse.

wissen, die Fußschaltung aufgrund der besseren Bedienbarkeit des Bikes durchgesetzt hat. Heute sind die letzten Modelle, also genau die 1969er, bei Sammlern besonders beliebt, was sicherlich an der relativ geringen Stückzahl des Early Shovel Motors liegt, der sich auch heute noch als zuverlässiges Triebwerk erweist, wenn er fachmännisch gewartet oder restauriert wurde.

Technische Daten

FL EARLY SHOVEL (1969)

Fahrwerk:	Doppelschleifen-Stahlrohrrahmen, Stahlrohrschwinge, 2 Stoßdämpfer
Gabel:	Telegabel
Motor:	Luftgekühlter V2 „Shovelhead“, OHV-Steuerung, Kettenantrieb, Batterie-Spulenzündung, 4-Gang-Getriebe, Elektrostarter
Zylinder:	2, 45° Zylinderwinkel
Hubraum:	74 cubic inch
Leistung:	ca. 60 PS
Baujahr:	1969

XLCR „CAFÉ RACER" (1977-1978)
... gutes Bikes, schlecht getimt ...

Wer in den siebziger Jahren als Teenager Motorrad/Moped fahren lernte, der kannte die Top-Bikes der damaligen Zeit ganz genau: Honda CB 750, Suzuki GT 750, Van Veen, Kawasaki Z 900, Yamaha XS 1100, BMW R 90 S, Ducati SS 750, Norton Commando, Harley-Davidson Electra Glide – womit wir schon einen Teil des Misserfolgs von Harley-Davidson's damals sportlichstem Serien-Motorrad erklärt haben: Während die Harley in jedem Quartett die Mitbewerber schon durch den Hubraum ausstach, war das internationale Image der Marke zu sehr auf das riesige „Dickschiff" ausgerichtet – daran hatten auch die Grand-Prix Siege von Walter Villa in den 250er und 350er Rennen (1977 wurde Villa in der 350er Klasse Weltmeister) nichts geändert. Schon seit 1957 war die Sportster ein fester Bestandteil im Modellprogramm von Harley-Davidson – der V-Twin mit 1000 ccm verband eine solide Leistung mit relativ geringem Gewicht. Dank der vier Nockenwellen war die Sportster auch ein Liebling der Tuner: Aus dem Motor konnte man auf dem Dragstrip wesentlich mehr Leistung zaubern als aus den hubraumstärkeren Big Twins. Die XLCR war eine Designarbeit von Willie G. Davidson, der mit dem Styling des Café Racers ein absolutes Meisterstück ablieferte. Basierend auf dem Serienmodell der XL verpasste der

Moderner Look auch nach heutigen Maßstäben: Die XLCR ist ein echter Leckerbissen!

Urenkel des Firmengründers dem Bike einen neuen Tank, Auspuffanlage, Lenkerverkleidung, doppelte Scheibenbremse vorne, Einmannsitzbank und zahlreiche optische Details wie den schmalen Sportlenker. Während der Motor für den sportlichen Einsatz lediglich einen Ölkühler verpasst bekam, wurde der Rahmen speziell für die XLCR entworfen: Das hintere Rahmendreieck enthält den Öltank und erlaubt die fast vertikale Montage der Stoßdämpfer. Das Heckteil erinnert an zeitgenössische Vorbilder und Mitbewerber wie das Fastback der Norton Commando, die Kawasaki-Heckbürzel oder Willie G's Boattail-Heck für Sportster und FX-Modelle von 1970. Am stärksten ist natürlich die Anlehnung an die Sporthecks von Harley's eigenen XR 750 Dirt Track-Modellen. Verkleidung und Heckteil waren aus Fiberglas gefertigt, die Morris Aluminium-Gussräder gehörten 1977 zum Modernsten, was man in ein Motorrad bauen konnte.

Die schwarze Lackierung war eine völlige Abkehr von den sonst eher farbenfrohen Serienmodellen – ganz zu schweigen von den Kreationen, welche die Customszene in den 70er Jahren auf die Bikeshows rollte: Glänzende Karosserie- und Kunststoffteile kontrastierten mit der mattschwarzen 2-in-2-Auspuffanlage, deren geschwungene Krümmer im Bogen unter dem Luftfilter verschweißt waren. Motorgehäuse, Zylinder, Lichtmaschine und Getriebedeckel erhielten eine schwarze Kräusellackierung zur besseren Wärmeabfuhr, was die polierten Bauteile wie Zylinderköpfe, Stößelstangen, Gabel und Felgenbetten noch besser hervortreten ließ.

Die XLCR war und ist ein optischer Leckerbissen – und es ist ein Rätsel

Optisch ein Genuss, ließ der „Ironhead" echte Leistung vermissen. Die Auspuffanlage mit den verschweißten Krümmern gab es nur an diesem Modell.

Links: Auspuff-Führung ganz eng am Motor.

Rechts: Tacho und Drehzahlmesser in der Lenkerverkleidung.

geblieben, warum die Maschine in den Verkaufzahlen ein Ladenhüter blieb. Mit dem Vierganggetriebe und knapp über 215 kg Gewicht war der Café Racer durchaus zu sportlicher Fortbewegung fähig, wenn auch unter nicht unerheblicher Vibrationsentwicklung. Der 1000er Sportster-Motor leistete allerdings auch nur 55 PS – was gegenüber den japanischen Vierzylindern und auch den britischen und italienischen Twins einfach zu wenig war. Eine BMW R 90 S – vergleichbar in Hubraum und Image – drückte immerhin 70 Pferde an das Hinterrad.

1977 wurden vom Café Racer 1923 Exemplare gebaut, 1978 immerhin noch 1201 Stück.

Optional konnte man die XLCR dann auch mit 2-Personen-Sitzbank erwerben – doch es war nicht die mangelnde Zweisamkeit auf der Maschine, die den Misserfolg bei den Verkäufen bedingte. Verglichen mit den im gleichen Zeitraum montierten 30.000 XL-Modellen der Modelljahrgänge 1977/1978 gab es nicht genug Wochenend-Rennfahrer, um eine Weiterführung der Baureihe zu rechtfertigen.

Damit wurde die XLCR zunächst ein Ladenhüter, der im Laufe der weiteren Harley-Geschichte zu einem Sammlerstück avancierte: An Versuchen diverser Customizer, neuere Sportster-Motorengenerationen zu Café Racer-Versionen umzubauen, hat es nie gefehlt – doch auch diese Umbauten kamen nie auf nennenswerte Stückzahlen.

Während der 1000 ccm Ironhead Sportster-Motor keine Rarität ist, wird es heutzutage schwierig, originalgetreue

Links: Moderne Bedienelemente.

Rechts: Das Heckteil der Dirt Track Racebikes.

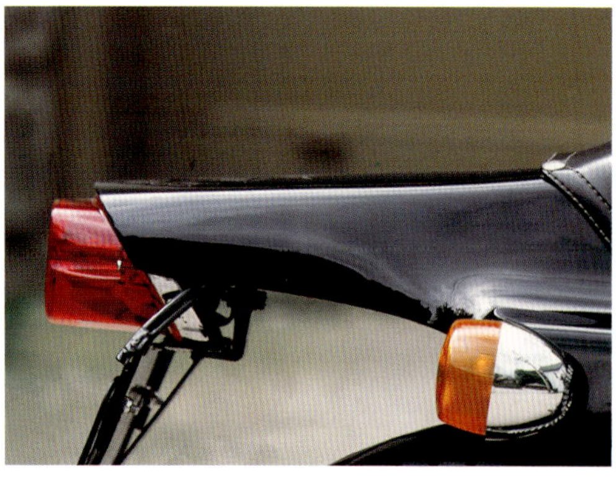

Willie G.'s Meisterwerk: Schlanke Linie und modernste Technik.

Unten: Aerodynamisch ausgefeilt – bis auf die Rückspiegel ...

XLCR zu finden: Weder das Fahrwerk noch die Bodyparts fanden jemals in einem anderen Harley-Modell Verwendung. Wer heute mit einer originalgetreu restaurierten XLCR vor der Eisdiele vorfährt, kann sich der bewundernden Blicke der Umstehenden sicher sein – und auch hartgesottene Harley Big Twin-Fahrer geraten ins Schwärmen über die „alten Zeiten“.
Hätten sie damals auch eine gekauft, wäre die Maschine vielleicht heute noch im Programm ...

Technische Daten
XLCR „CAFÉ RACER“ (1977-1978)

Fahrwerk:	Doppelschleifen-Stahlrohrrahmen, Stahlrohrschwinge, 2 Stoßdämpfer
Gabel:	Telegabel
Motor:	Luftgekühlter V2 „Ironhead“ Sportster, OHV-Steuerung, Kettenantrieb, 4-Gang-Getriebe
Zylinder:	2, 45° Zylinderwinkel
Hubraum:	60,81 cubic inch
Leistung:	ca. 61 PS
Baujahr:	1977-1978

FLT TOUR GLIDE (1980)
Die Shovel als Reisemobil

Harley-Davidsons erster Super-Tourer orientierte sich an deutschen und japanischen Vorbildern, wie BMW R 100 RT, Honda „Gold Wing" und Yamaha XS 1100 „Martini Special". Die Verkleidungen von Craig Vetter verkauften sich in diesen Jahren wie geschnitten' Brot.

Umstrittene Optik, aber absolute Tourentauglichkeit, das kann man der von 1980 bis 1983 gebauten Tour Glide bescheinigen. Die „80" in der Namensbezeichnung dieses Motorrades weist auf den Hubraum hin, der mit 1340 ccm ausreichend sein sollte, um das in der Standardversion 354 kg schwere Bike vorwärts zu bewegen.
Der bereits seit zwei Jahren produzierte Late Shovel erwies sich als standfest und vor allem durchzugsstark, was bei diesem Bike von besonderer Wichtigkeit war.
Mit dem 65 PS leistenden Shovelhead-Motor beschleunigte die Tour Glide bis auf 153 km/h, was für ein Bike dieser Dimension eine sehr anständige Fahrleistung war. Natürlich war die FLT mit einem Preis von 6013 US $ auch die zu der Zeit teuerste Harley-Davidson. Dennoch wurden von dem Modell 4480 Stück gebaut und an langstreckenhungrige oder komfortverwöhnte Fahrer verkauft. Die Ausstattung des Bikes und auch der Preis überflügelte den Standard einiger Mittelklasse-Pkw auf dem Kontinent, doch sie wurde, wie so viele andere Motorräder aus Milwaukee, zum Kultobjekt.
Um die Tourenkundschaft zu gewinnen, konstruierte die Motor Company ein völlig neues Bike, bei dem sie neue Wege suchte und fand. Zunächst bekam der Motor eine Transistorzündung

Der fette 1340-cubic-inch-Motor sollte für lange Jahre der hubraumstärkste Motorradmotor sein.

spendiert, um die Wartungsfreundlichkeit zu erhöhen. Weiterhin trug ein geschlossener Kettenkasten zur Verschleißminderung der Antriebskette bei. Zwar war bei der auch 1980 erschienenen FXB schon ein verschleißarmer Riemenantrieb montiert, der sich bei Harley-Davidson auch durchsetzen sollte, doch für das riesige Tourenmodell setzte man auf die bewährte Kette und ging kein Risiko ein. Weiterhin kam der Tour Glide-Fahrer schon in den Genuss eines Fünfganggetriebes. Etwas engere Gangabstufungen machten das Motorrad unwesentlich spritziger, da der 5. Gang hauptsächlich als Overdrive ausgelegt war und somit die Drehzahl und auch den Kraftstoffverbrauch reduzierte. Der Motor, der ja bekannterweise kein ruhiger Vertreter war, wurde bei der Tour Glide in Gummi gelagert. Durch die drei Aufhängungspunkte drangen so gut wie keine Vibrationen bis zum Fahrer durch, was den Komfort erheblich erhöhte.

Da die Bikes immer schneller wurden, arbeitete Harley-Davidson natürlich auch an der Bremsanlage und verpasste der FLT zwei Scheibenbremsen am Vorderrad und eine Scheibenbremse am Hinterrad. Die Rahmenkonstruktion der Tour Glide war gleichzeitig mutig und auch revolutionär. Das Motorrad sollte trotz seiner mehr als 400 kg, die

Links: Das Topcase der Electra Glide bietet reichlich Raum.

Rechts: Zum ersten Mal rahmenfest – Doppelscheinwerfer für gute Fahrbahnausleuchtung.

es voll getankt und mit Fahrer wog, sowohl leicht zu rangieren sein als auch einen perfekten Geradeauslauf haben. Üblicherweise sind das zwei Dinge, die mit einem normalen Lenkkopf durch die Veränderung des Lenkkopfwinkels in die eine oder andere Richtung verändert werden. Zudem war die Schwierigkeit bei der Fahrwerkberechnung, dass die Tour Glide sowohl im Solobetrieb als auch mit zwei Personen und vollem Gepäck stabil fahren sollte. Hierzu holte man Eric Buell ins Boot, der sich um die Geometrie des Rahmens kümmerte. Er verwendete einen Einschleifen-Stahlrohrrahmen mit Schwinge und zwei Federbeinen. Der Lenkkopf der Tour Glide hatte einen extremen Lenkkopfwinkel von 65 Grad, was das Motorrad normalerweise zu einem Schwedenchopper machen würde. An dem Lenkkopf jedoch wurde die Telegabel mit einem Versatz und 62 Grad spitzwinklig montiert, was, wie sich herausstellte, die richtige Entscheidung war, diesen neuen Weg der Fahrwerksoptimierung zu gehen.

Der Rahmen erhielt durch die monströse Verkleidung zusätzliche Steifigkeit und so gab es keinerlei Beanstandungen am Fahrverhalten der Tour Glide. Die Verkleidung war auch gleichzeitig ein Punkt, an dem sich die Geschmäcker schieden. Nicht nur dass sie riesige

Links: Doppelscheibe vorne. In den 80er Jahren ließ die Bremskraft noch Wünsche offen.

Rechts: Wie im Panoramasessel – Beifahrer-Rückenstütze.

Die Instrumentenkonsole erinnert mehr an einen Straßenkreuzer denn an ein Motorrad.

Dimensionen hatte, auch die integrierten Doppelscheinwerfer wollten für viele so gar nicht in das klassische Harley-Davidson-Bild passen. Die Instrumente für Geschwindigkeit und Drehzahl waren direkt am Lenker montiert und in der Verkleidung war ausreichend Platz für Zusatzinstrumente und ein Radio mit Lautsprechern, weshalb das Bike von vielen auch als „Musikdampfer" verspottet wurde.

Die FLT Tour Glide wurde bis 1983 gebaut. In diesem Jahr wurde nicht nur die Produktion des optisch umstrittenen Modells FLT eingestellt, sondern es ging auch die Ära des Shovelhead-Motors zu Ende, der durch den neu konstruierten Evolution-Motor abgelöst wurde.

Unten: Öltank und Sitz – mit dem bequemen Lederpolster lassen sich schon mal 600 Meilen am Tag abreiten ...

Technische Daten
FLT TOUR GLIDE (1980)

Fahrwerk:	Doppelschleifen-Stahlrohrrahmen, Stahlrohrschwinge, 2 Stoßdämpfer
Gabel:	Telegabel
Motor:	Luftgekühlter V2 „Shovelhead", OHV-Steuerung, Kettenantrieb, 5-Gang-Getriebe
Zylinder:	2, 45° Zylinderwinkel
Hubraum:	80 cubic inch
Leistung:	ca. 64 PS
Baujahr:	1984-1994

FXE SUPER GLIDE (1982)
American Lifestyle auf zwei Rädern

Es gibt spektakuläre Marksteine und nicht minder spektakuläre Flops in der Historie von Harley-Davidson. Doch es gibt auch eine Modellreihe, die wie keine andere das Unternehmen Harley-Davidson in den 70er Jahren gerettet hat und zugleich mit dazu beitrug, das Image der Marke zu prägen: die FX-Modelle.

Die Wurzeln der FX-Baureihe liegen in den späten 60er Jahren: Als Harley-Davidson 1969 von AMF übernommen wird, sind die ersten Skizzen für die neue Baureihe schon gezeichnet – und zwar von niemand anderem als Designchef Willie G. Davidson. Der hat die Zeichen der Zeit schon früh erkannt und ein Motorrad entwickelt, welches eine Basis für das „Customizing" durch den Kunden sein sollte, und zusätzlich sah er eine Vielzahl von Modellvarianten ab Werk vor. Die erste FX Super Glide von 1971 war noch eine Mischung aus Cruiser und Sportbike, denn das überdimensionierte Boattail-Heck störte etwas die Harmonie des Gesamtbilds. Schon im zweiten Modelljahr – viele FX-Käufer hatten das voluminöse Heck ohnehin sofort vom Motorrad gerissen und gegen eine Chopper-Sitzbank getauscht – bekam die FX eine gefälligere Sitzbank spendiert, und die Erfolgsstory nahm ihren Anfang. Startete die Produktion 1971 noch mit 4700 Einheiten, ging es in den folgen-

Chopper-Style für den Harley-Fan: Die „Super Glide" von 1982.

den Jahren mit 6500, 7625 und 9233 (FX und FXE) steil bergauf. Nur von der Sportster-Baureihe rollten mehr Einheiten von den Fließbändern, die sich inzwischen in York/Pennsylvania befanden.
Aus heutiger Sicht kann man die FX als den ersten Serien-Cruiser bezeichnen: Niedrige Sitzposition, hochgezogene Lenker und nach vorne gelegte Fußrasten ließen das „Easy Rider"-Feeling aufkommen, welches im Gegensatz zu den Hightech-Sportlern aus Japan und Europa stand. Auf der breiten Sitzbank, die Hände am Buckhorn-Lenker, genießt man den satten Schlag des V-Twins – die mögliche Endgeschwindigkeit von 165 km/h bleibt Theorie. Die noch aus AMF-Zeiten stammende Bremsanlage lässt eine allzu forsche Fahrweise auch nicht anraten. Wer sich in den 70ern für eine FX entschied, tat dies aus Leidenschaft – in den 80ern, weil er das Original wollte: Eine Welle von Soft-Choppern aus Japan hatte sich das Styling der FX zum Vorbild genommen und damit auch das Interesse an den V-Twins aus Milwaukee weiter angefacht. Die Abwandlungen der FX-Modellreihe sorgten für Aufsehen: Die Fat Bob, Wide Glide und Low Rider sind im Design eigenständige Charaktere, die aber auf dem gleichen Fahrwerk rollen. Der Shovelhead-Motor aus dem Jahr 1966 ist seit 1978 von 1200 ccm auf 1340 ccm aufgebohrt, was Harley-Davidson gegenüber den Kopien aus Fernost zumindest den Hubraum-Vorteil gibt.
1980 kommt mit der FXB Sturgis ein Sondermodell heraus, welches für die Modellgeschichte von Harley-Davidson wegweisend werden sollte: Zum 40. Jubiläum der Motorradrallye in den Black Hills von South Dakota ist die Sturgis das erste Serienmotorrad mit Beltdrive als Primär- und Endantrieb. Was damals noch misstrauisch beäugt wird, lässt sich heute gar nicht mehr anders vorstellen. Die leisen und wartungsarmen Riemen wurden damals wie heute von Gates gefertigt, und die drei Jahre Produktion der FXB (das „B" steht für „Belt Drive") lieferten wertvolle Daten über die Haltbarkeit der Riemenantriebe, wie sie heute in allen Harley-Davidson Modellen verbaut sind. Zehn Jahre nach Vorstellung der Super Glide wagte Harley-Davidson den Schritt zurück in die Unabhängigkeit von AMF. Unter Führung von Vaughn Beals und Willie G. Davidson folgt der Ankündigung vom 26. Februar 1981 am 16. Juni die Tat: „The Eagle soars alone" ist das neue Motto. Zu diesem Zeitpunkt ist der Modelljahrgang 1982 natürlich komplett entwickelt: Die Umstellung der Fließbänder in York auf den nächsten Modelljahrgang erfolgt im Juli, das Modelljahr 1982 beginnt im August 1981. Alle FX „Super Glides"

Die Endphase des „Shovelhead": Typische Harley-Ausstattung mit „Kuhglocken"-Hupe und verchromter Zündspulen-Abdeckung.

Der Shovelhead-Motor von 1982: Ein Technik-Dinosaurier im Zeitalter der Hi-Tech-Bikes.

dieses Jahrgangs sind also „echte" Harleys.

Tatsächlich sieht der Modelljahrgang 1982 nicht viel anders aus als der von 1971: Die Grundmodelle XL, FL und FX sind lediglich in eine größere Zahl von Untermodellen aufgeteilt, dazu kommen die „Geburtstagsmodelle" der Sportster, die ihren „25." feiert.

Das Modelljahr 1982 bringt die FX-Baureihe auf den neusten technischen Stand: Angeboten werden die FXE Super Glide, FXS Low Rider, FXWG Wide Glide, FXB Sturgis und zwei neue Modelle, die mit einem völlig neu entwickelten Rahmen mit Gummilagerung der gesamten Baureihe die Zukunft ebnen. Die FXR und FXRS Super Glide II sind die FX-Modelle, welche schon für den noch in Entwicklung befindlichen Evolution-Motor ausgelegt sind. Heute sind auch nur halbwegs originale Harley-Davidson aus dieser Periode fast unmöglich zu finden, denn die meisten Bikes fielen dem Customizing zum Opfer und wurden ausgeschlachtet. Die Kehrseite der Medaille: Ersatzteile sind für diese Bikes relativ einfach zu finden – man muss nur beim Swap Meet die Augen aufhalten ...

Links und Rechts: Gabelstandrohre und Gabelbrücken sind filigran.

Das Cockpit: Leerlauf- und Ölanzeige sitzen in der Lampe.

Unten: Chopper-Feeling mit breitem Lenker.

Technische Daten

FXE SUPER GLIDE (1982)

Fahrwerk:	Doppelschleifen-Stahlrohrrahmen, Stahlrohrschwinge, 2 Stoßdämpfer
Gabel:	Telegabel
Motor:	Luftgekühlter V2 „Shovelhead“, OHV-Steuerung, Kettenantrieb, 5-Gang Getriebe
Zylinder:	2, 45° Zylinderwinkel
Hubraum:	80 cubic inch
Leistung:	ca. 65 PS
Baujahr:	1971-1982

XR 1000 (1983)
Der Racer für die Straße

Laut, stark und böse, das umschreibt die Harley-Davidson XR 1000 sicherlich am Besten. Ein echter Racer aus dem Hause Harley-Davidson, der auf den Landstraßen den Mitbewerbern das Fürchten lehrte und auch die bis dahin schnellste Serien-Harley aller Zeiten war. Mit einer gehörigen Portion Mut, Fahrkönnen und dem sprichwörtlichen Messer zwischen den Zähnen konnte die XR 1000 in Schräglagen um die Ecken gehämmert werden, wie es sonst nur von Sportbikes bekannt ist. Eine reichhaltige Portion Drehmoment und ausreichend Leistung machten das Motorrad zum beliebten Racebike für Privatfahrer. Angekurbelt werden sollte der Verkauf des Bikes durch seine Präsentation auf der Daytona Bike Week, wo auch die Battle of Twins Rennen stattfanden.

Egal, was die Marketing-Strategen heute behaupten, die XR 1000 war einfach „Racing pur" und von allen Harleys der Rennstrecke am nächsten.

Jay Springsteen gelang es auch auf Anhieb das legendäre Rennen zu gewinnen, doch der Verkaufspreis von knapp 7000 US-Dollar schreckte 1983 viele Käufer ab, zumal eine „normale" Sportster gerade einmal knapp 4000 Dollar kostete.

Die Sportster erhielt ein Jahr vor der Präsentation der XR 1000 zu ihrem 25. Geburtstag einige tiefgreifende Änderungen an Rahmen, Fahrwerk und Motor, so dass die XR 1000 das Sahnestückchen der Modellreihe wurde, aber eben auch den entsprechenden

Preis hatte. Dennoch wurden ca. 1500 Stück des Straßen-Renners verkauft und die Preise gehen heute immer weiter in die Höhe, da die Anzahl der Bikes, die nicht als Rennstreckenopfer oder unter allzu eifrigen Hobbyschraubern auf der Strecke geblieben sind, sehr gering ist.

Der Vorläufer aller Naked Bikes war schon optisch auf den ersten Blick von den normalen Modellen zu unterscheiden. Neue Zylinderköpfe, rote Zierlinien an den Felgen, hochgezogener Doppelauspuff und zwei Vergaser auf der rechten Seite sind nur einige Merkmale des Racers. Selbst einen eigenen Deckel für die Zündabdeckung bekam die XR 1000 spendiert. Das Herzstück der XR 1000 war natürlich der Motor. Das 1000-ccm-Triebwerk basiert auf dem vorhandenen Sportster-Motor, der jedoch grundlegend modifiziert wurde.

Für die XR 1000 entwickelte der renommierte Tuner Jerry Branch neue Aluminium-Zylinderköpfe, die einen besseren Gasfluss gewährleisten und mit durchgehenden Stehbolzen am Motorblock befestigt sind. Der Motor mit den Spezialkolben hat eine Verdichtung von 9:1 und leichtere Pleuel, was eine Grundvoraussetzung für einen leicht hochdrehenden Motor ist. Die Gemischaufbereitung übernehmen zwei unübersehbar auf der rechten Seite platzierte 36 mm Dell'Orto Vergaser mit Beschleunigerpumpen. Ebenso imposant sind die im Dirt Track Style verlegten Auspufftüten, die zu dem Baujahr auch noch genau so klangen, wie eine Harley klingen sollte. Satte 70 PS in der zahmen Straßenversion drückte der Motor so ans Getriebe, was vielen jedoch nicht genug war. So gab es für das 220 kg schwere Motorrad einen Tuningkit ab

Kraftpaket: Trotz der traditionellen 45° Zylinderwinkel baut der XR-Motor sehr kompakt – und kann seine Ableitung vom Sportster-Triebwerk nicht verbergen.

Links: Klein aber fein! Mit dem XR-Tank kommt man von Tankstelle zu Tankstelle und lernt neue Leute kennen ...

Rechts: Je ein Vergaser beatmet jeden Zylinder.

Werk, mit dem man die Reserven des 1000-ccm-Motors weiter ausreizen konnte. Der so genannte 100-PS-Kit brachte zwar nur 90 PS, doch aufgrund des bärenstarken Drehmoments der XR 1000 war das Bike zu der Zeit als V-Twin nahezu unschlagbar. Eine spezielle Nockenwelle, Kolben, durch die man die Verdichtung auf 10:1 erhöhte, und eine spezielle Racing-Auspuffanlage sorgten für die Mehrleistung. Natürlich sollte das Motorrad nicht nur schnell sein, sondern auch fahrstabil und vernünftig verzögert werden können. So montierte man bei Harley-Davidson anstatt der Speichenfelgen neu gestaltete Gussfelgen und spendierte der XR 1000 zwei üppig dimensionierte Bremsscheiben am Vorderrad.

Das Bike – mit Viergang-Schaltgetriebe – erreichte im Serientrimm somit 185 km/h, was aus heutiger Sicht natürlich nicht die Welt ist, doch für ein Naked Bike der frühen 80er war das schon eine erstaunliche Leistung. Ausgeliefert wurde die XR 1000 auf Reifen, die man eher als abenteuerlich bezeichnen kann. Dunlop-Gummis in der Dimension 100/90 R19 vorn und 130/90 R16 hinten machten die XR nicht gerade zu einem Bike, das überbereift erscheint, und steigerten den Respekt der Piloten, die mit ihm Straßenrennen fuhren, nochmals deutlich. Nur zwei Jahre blieb die XR 1000 im Programm der Company, da sie ursprünglich nur als Limited Edition mit 1100 Stück gedacht war, mit der man die Anzahl der für einige

Links: Braucht man an der XR nicht wirklich – Rückspiegel ...

Rechts: Schmale Lampe, Drehzahlmesser und Tacho.

Vom Dirt Track auf die Straße: Keine Harley war je so kompromisslos auf Performance getrimmt.

Unten: Schlicht und übersichtlich – die Instrumenten-anordnung.

Rennklassen notwendigen Homologations-Stückzahlen erreichen wollte. Im zweiten und letzten Jahr 1984 war die XR 1000 auch im Harley-Davidson Racing Design, Schwarz/Orange erhältlich, wie sie heute wahrscheinlich nur noch in Museen oder bei einigen wenigen privaten Sammlern zu finden ist.

Technische Daten
XR 1000 (1983-1984)

Fahrwerk:	Doppelschleifen-Stahlrohrrahmen, Stahlrohrschwinge, 2 Stoßdämpfer
Gabel:	Telegabel
Motor:	Luftgekühlter V2 XR, OHV-Steuerung, 4 Nockenwellen, Kettenantrieb, 4-Gang-Getriebe
Zylinder:	2, 45° Zylinderwinkel
Hubraum:	30,17 cubic inch
Leistung:	ca. 70 PS, mit 100-PS-Kit: 90 PS
Baujahr:	1983-1984

FXRT SPORT GLIDE (1984)
Harley-Davidson's rollendes Geheimnis

Es gab von Harley-Davidson zahlreiche Versuche, neben dem Monster-Tourer Electra Glide ein weiteres, eher sportlich orientiertes Tourenmodell zu etablieren. Keiner dieser Versuche hat eine so interessante Geschichte wie die FXRT – und dabei ist die Wahrheit hinter der „RT"-Story eine nahezu völlig unbekannte. Selbst Harley-Insidern ist dieser Teil der Harley-Historie häufig nicht bekannt – denn bis zu einem einzigen Zeitungsbericht eines ehemaligen Pressesprechers von Harley hat auch die Öffentlichkeit jenes Bike, für welches diese Verkleidung eigentlich entwickelt worden war, nie gesehen. Wir reden von Harley-Davidson's erstem wassergekühlten Superbike, entwickelt in Zusammenarbeit mit Porsche wie die spätere V-Rod und angetrieben von einem Motor, wie er untypischer für eine Harley-Davidson nicht hätte sein können: Einem hochmodernen V4 mit obenliegenden Nockenwellen und zahlreichen technischen Details, die ihrer Zeit weit voraus waren. Das Projekt „Nova".

Wer sich die FXRT genau betrachtet, ahnt schon unterschwellig, dass dieses Teil nicht für dieses Motorrad gebaut wurde: Weder die großen integrierten Blinker noch die Linienführung passen zur Form des Tanks, die Innenverkleidung und die Halterungen sehen aus

Eine „Notlösung" mit Stil: Die FXRT Sport Glide nutzt die Verkleidung eines ganz anderen Harley-Davidson Modells.

wie nachträglich drangenagelt – und wozu besitzt eine Verkleidung Kühllufteinlässe ins Nirgendwo? – In der „offiziellen Geschichte“ von Harley-Davidson, wie sie von David K. Wright niedergeschrieben wurde, liest sich das so: „Die rahmenfest montierte Verkleidung der FXRT wurde von HD-Ingenieuren im Windkanal geformt und auf die Optimierung von Höchstgeschwindigkeit und Benzinverbrauch ausgelegt.“ Was der Wahrheit tatsächlich nahe kommt – allerdings für ein anderes Motorrad. Entwickelt in der Endzeit der AMF-Ära – und damit auf Kosten von AMF – hatten die „Nova“-Motoren Hubräume von 800 und 1000 ccm und waren in Aussehen und Performance ähnlich den VFR-Triebwerken von Honda. Wie Harley-Davidson mit den V-Rod-Modellen später noch mal feststellen sollte, war es schwierig, einen ausschließlich wassergekühlten Motor mit ausreichender Kühlung zu versehen, ohne dem Kühler übermäßig viel Platz einzuräumen. Die Harley-Ingenieure verfielen dabei auf eine außerordentlich innovative Lösung: Das Tourenmodell besaß eine Verkleidung durch welche die Kühlluft – durch besagte Lufteinlässe, die an den FXRT so deplaziert wirken – durch Kanäle am Motor entlang in den im Heckteil platzierten Kühler leiteten. Zusätzliche Gebläse im Heck forcierten die Kühlung weiter.

Technisch eine überzeugende Lösung, fiel die „Nova“ bei einer Händler-Präsentation völlig durch: Das sollte eine Harley sein? Undenkbar. In den turbulenten Zeiten des Rückkaufs von Harley-Davidson fiel es dem neuen Management leicht, das Projekt fallen zu lassen – die Prototypen wanderten in eine Ecke des geheimen Museums, wo sie lange Jahre unbeachtet standen. Und jeder, der die „Nova“ gesehen hat, gab zu: Das Bike war hässlich.

Allerdings war damit auch die Entwicklungsarbeit in den Sand gesetzt, und teilweise waren die Produktionsformen für diverse Serienteile schon gefertigt. Also wurde für die Verkleidung eine neue Verwendung gesucht, und es boten sich die FX-Modelle an. Auf dem Höhepunkt ihrer Popularität und mitten in die Umstellung auf den 1984 eingeführten „Evolution“-Motor pflanzte man auf die FXR die Verkleidung der Nova, nahm den Luftfilterkasten der FLT, neue Packtaschen und „lieh“ sich die Modellbezeichnung der BMW R 100 RT – fertig war der neue Tourer. In einer Zeit, in welcher Craig Vetter seine Verkleidungen wie geschnitten‘ Brot

Der neue Motor: „Evolution“ heißt das neue Motordesign und soll Harley-Davidson zu neuen Höhen führen.

Egal, ob nur mit Packtaschen (oben) oder dem zusätzlichen Topcase für die große Tour – mit der „Sport Glide" konnte man sich schnell fortbewegen ...

verkaufte und Tourenbikes von BMW, Honda und Yamaha die Topseller waren, war die FXRT nur ein weiterer Tourer im Harley-Davidson Programm, und niemand wunderte sich, dass Harley plötzlich drei miteinander konkurrierende Tourer, die Electra Glide, die Tour Glide und die Sport Glide, im Programm hatte. Außerdem sollte die Verkleidung zeitgleich in einem ebenfalls bald USA-weit verbreiteten Modell Verwendung finden: der FXRP. Die lange Produktionsdauer der „Notlösung" resultierte nicht zuletzt aus der Verwendung der weit ausladenden Verkleidung für die Polizeimaschinen, die von zahlreichen Polizeieinheiten der Highway Police eingesetzt wurden.

Dabei kam es bei Produktionsbeginn zu jenen Überschneidungen, welche einige Harley-Davidson Modelle zu echten Sammlerstücken machen. Eine geringe Zahl der ersten FXRT von 1984 wurde noch mit den 80 cubic inch Shovelhead-Motoren ausgerüstet – selbst in der Literatur finden sich noch zahlreiche Abbildungen der FXRT-Erstlinge. Die Mehrzahl der Bikes bekam dann aber den brandneuen Evolution-Motor spendiert, wie er bis zum Auslaufen der Produktion 1992 verwendet wurde.

Mit der bequemen Tourensitzbank samt

Wo laufen sie denn? In der Verkleidung ist von den Kühllufteinlässen nichts mehr zu finden. Aus gutem Grund.

Unten: Ein Sitz zum Touren. Breiter Ledersattel für viele Meilen Fahrspaß.

Sissy Bar, Packtaschen aus GFK und mittig angebrachter Fußrastenanlage – auch die Beifahrerfußrasten waren rahmenfest angebracht – gab die Sport Glide einen wirklich brauchbaren Sport-Tourer ab. Tatsächlich war die erste FXRT nichts Anderes als eine FXR mit angeflanschter „Nova"-Verkleidung, welche durch Lackierung und Pinstripes passend gemacht wurde.

Technische Daten
FXRT SPORT GLIDE (1984)

Fahrwerk:	Doppelschleifen-Stahlrohrrahmen, Stahlrohrschwinge, 2 Stoßdämpfer
Gabel:	Telegabel
Motor:	Luftgekühlter V2, OHV-Steuerung, Riemenantrieb, 5-Gang-Getriebe
Zylinder:	2, 45° Zylinderwinkel
Hubraum:	80 cubic inch
Leistung:	ca. 61 PS
Baujahr:	1984-1992

FLTC TOUR GLIDE ULTRA CLASSIC (1989)
American Lifestyle pur

Das Reisen über lange Distanzen liegt den Amerikanern im Blut: Die Entfernungen in Amerika sind wahrlich „kontinental", und zwischen den phantastischen Landschaften, die es überall auf dem Kontinent zu bestaunen gibt, liegen oft Tausende von Kilometern einsame Wildnis, endlose Kornfelder und schnurgerade Interstates, auf denen höchstens eine Raststätte ab und an für Abwechslung sorgt. Die Fähigkeit, diese Distanzen zu überbrücken, war für die Entwicklung der amerikanischen Motorräder von Anfang an von entscheidender Bedeutung. Großvolumige Motoren mit viel Hubraum versprachen Leistung bei niedrigen Drehzahlen und geringem Motorverschleiß. Schon die ersten Harley-Einzylinder mussten sich in sogenannten „Endurance Runs" bewähren: Walter Davidson fuhr 1907 die Silent Grey Fellow in die Top-3 des Endurance Run Chicago-Kokomo, über eine Distanz von 414 Meilen. Harley-Davidson selbst forcierte den Tourismus mit Motorrädern durch Berichte in der Hauszeitschrift „Enthusiast". Dort füllten Touren- und Reiseberichte aus aller Welt einen Großteil der Heftseiten. Und wer in den alten Heftchen blättert, kann nur den Hut ziehen vor den oft exotischen Reiseberichten und Touren durch Länder, die uns heutzutage teils verschlossen, teils ebenso unerreichbar sind wie in den

Das Tourenbike von Harley: Die „Tour Glide" verspricht Tourenkomfort pur. Für Fahrer und Beifahrer.

Trittbretter für stabilen Halt. Der Wetterschutz durch die Beinschützer ist eher mager.

20er und 30er Jahren. Bis zur Vorstellung der „KH“ und „Sportster“ Modelle waren alle Motorräder von Harley-Davidson auf Touren ausgerichtet – und die Big Twins blieben es bis in die 70er Jahre.
Die 1965 vorgestellte Electra Glide wurde zum Inbegriff des amerikanischen Touren-Dinosauriers – und ist bis heute im Modellprogramm in verschiedensten Variationen zu finden. Dass die Electra Glide in Europa keine so weite Verbreitung gefunden hat, liegt an der anderen Mentalität der Motorradfahrer und täuscht über die Bedeutung dieses Modells im Harley-Programm hinweg. In den USA ist die E-Glide noch immer ein Dauerbrenner und wird nicht nur gekauft, sondern auch gefahren!
Ende der siebziger Jahre machten neue Tourenmotorräder der Electra Glide den Ruf als „Königin der Highways“ streitig. Die Honda Gold Wing, Kawasaki Z 1300, Yamaha XS 1100 und die BMW R 100 RT klotzten teilweise mit Luxusausstattung und Zubehör vom Coladosenhalter bis zum CB-Funk – und nicht zuletzt mit Motorleistung und Zuverlässigkeit. Harley sah seinen treuesten Kundenstamm umsteigen auf andere Marken – ein alarmierendes Zeichen!
Die Aufrüstung der Electra Glide zum Luxus-Tourer ging einher mit der Entwicklung eines neuen Modells, welches vor allem den Angriff von Honda kontern sollte: die FLT Tour Glide. Was auf den ersten Blick wirkt wie eine modifizierte Electra Glide ist tatsächlich ein völlig eigenständiges Motorrad. Im Gegensatz zur Lenkerverkleidung der E-Glide, die sich mit der Gabel schwenken lässt, ist die Tour-Glide-Verschalung fest mit dem Rahmen verschraubt. Die Lenkgeometrie erinnert eher an ein Sportbike als an einen Cruiser: Wer sich an die Verkleidung – und das damit verbundene eingeschränkte Blickfeld auf die Straße – gewöhnt hat, kann eine Tour Glide unglaublich flott durch Kurven bewegen.
Waren die ersten Modelle noch mit dem 80 cubic inch Shovelhead-Motor ausge-

Die großen Schalldämpfer im Serienzustand.

rüstet, wurden bei Einführung der Evolution- und Twin-Cam-Baureihen die Modelle mit diesen Motoren ausgerüstet – im Falle der Twin Cams sogar ein Jahr früher als die populären Softail-Modelle. Der Grund: Da man dem flüssigkeitsgekühlten Vierzylinder-Boxer der Gold Wing in Sachen Vibrationsarmut nicht das Wasser reichen konnte, lagerte man den gesamten Block von Motor, Primärantrieb und Getriebe in Gummiblöcken – wie es schon bei der Norton Commando in den Siebzigern vorgemacht wurde. Das verminderte die beim Fahrer ankommenden Vibrationen, ohne den typischen „Schlag" des V2 zu verringern. 1988 hatte Honda die Gold Wing auf sechs Zylinder und 1500 ccm aufgebohrt – das konnte Harley nicht hinnehmen: Für das Modelljahr1989 erschienen die „Ultra Classic" Versionen von E- und Tour-Glide und boten neben edler Lackierung eine Luxus-Ausstattung mit Tempomat, ausgefeilter 80 Watt Hi-Fi-Anlage, Bordfunk, CB-Funk, Lautsprecher vorne und hinten sowie Stauräume in der Verkleidung.
Obwohl 1989 nur 603 Stück des Luxustourers geordert wurden, davon 15 als Gespann, bleibt die Tour Glide eine beliebte Maschine für Kilometerfresser – und das hat sich mit der Vorstellung der Twin-Cam-Motoren noch verstärkt: Die „Screamin' Eagle" Sondermodelle der hauseigenen Customizing-Abteilung CVO, die in jedem Jahr Aufsehen erregende Sondermodelle auf die Räder stellt, waren mehrere Jahre hintereinander ausverkauft, noch bevor sie den Endkunden erreichten. Harley-Händler hatten sich die Sammlerstücke reserviert.

Links: Der Tank reicht für mehr als 250 km Fahrleistung.

Rechts: Großzügige Sitzfläche für den Fahrer.

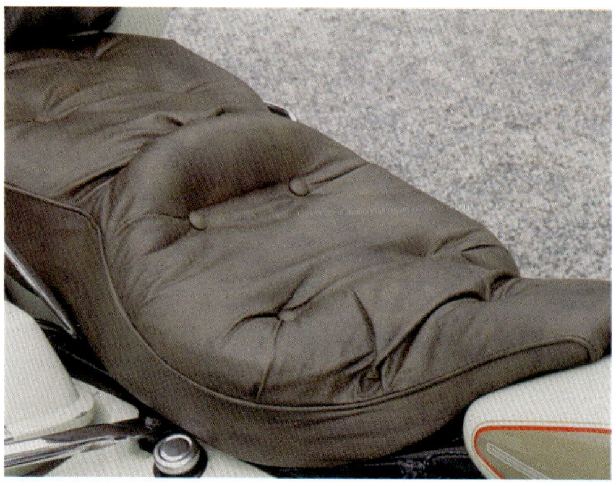

Die rahmenfest montierte Verkleidung bietet Raum für Radio, Kassettenrecorder und CB-Funk.

Mitte: Chrom-Barock: Zierbügel am vorderen Schutzblech.

Unten: Fernsehsessel-Luxus für den Beifahrer und immer noch Platz für die Schlafsäcke.

Technische Daten

FLTC TOUR GLIDE ULTRA CLASSIC (1989)

Fahrwerk:	Doppelschleifen-Stahlrohrrahmen, Stahlrohrschwinge, 2 Stoßdämpfer
Gabel:	Telegabel
Motor:	Luftgekühlter V2 „Evolution“, OHV-Steuerung, Zahnriemenantrieb, 5-Gang-Getriebe
Zylinder:	2, 45° Zylinderwinkel
Hubraum:	80 cubic inch
Leistung:	ca. 64 PS
Baujahr:	1984-1994

HORN
LIGHTS
100
80
60
40
20
0
KM

FXDWG DYNA WIDE GLIDE (1993)
90 Jahre und kein bisschen leise

Wer die erste Wide Glide des Jahres 1980 vor sich sah, konnte gar nicht anders als den Mund aufzuklappen und „Wow!" zu sagen. Zwar hatte man sich im Laufe der Siebziger schon an so manchem Werks-Chopper aus Milwaukee berauscht, doch die erste Wide Glide sah schon ab Fließband aus wie ein echtes Custombike: Motor und Getriebe mit schwarzem Kräusellack veredelt, die Kanten der Zylinder und Köpfe poliert, und die Bodyparts mit einer speziellen schwarzen Lackierung über die gelb-rote Flammen züngelten. Das war der Stoff aus dem Harley-Davidson-Träume entstehen! Wie von der Marketingabteilung berechnet, war die Wide Glide auf Anhieb *der* Verkaufsschlager des Jahres – und die meistproduzierte Maschine des Jahrgangs 1980: 6085 Exemplare rollten von den Fließbändern in York/Pennsylvania – und damit hatte der Siegeszug der Wide Glide erst begonnen. Die Custom-Lackierung trug zum ersten Mal dem Wunsch der Kunden nach individuelleren Modellen Rechnung – mit der Wide Glide stand man auf jedem Motorradtreffen und vor jeder Eisdiele im Mittelpunkt des Interesses. Als direkter Ableger der FX-Baureihe besaß die Maschine zudem exzellente Fahreigenschaften – der 80 cubic inch-Motor – in den ersten Jahren ein Shovelhead, dann Evo und Twin Cam –

Easy Rider im Sonntagsanzug: Dyna Wide Glide mit „90th Anniversary" Lackierung.

Das Jubiläums-Tankbadge 1993.

sorgte für satten Vortrieb aus dem Drehzahlkeller.
Die Custom-Optik der Wide Glide lebt vom Gegensatz des 16 Zoll durchmessenden Hinterrads zum schmalen 21-Zöller vorne. Nicht ganz so extrem wie die wilden Custombike-Umbauten auf den Shows in Daytona Beach und Sturgis, aber dennoch mit einer deutlichen Message: Da bin ich! Tatsächlich war die erste Wide Glide ein richtiges „Outlaw"-Bike von der Stange – obwohl diese Kundengruppe von Harley-Davidson eigentlich nie besonders umworben wurde. Tatsächlich fuhren und fahren viele Motorradclubs Bikes der FX-Baureihe und schätzen diese wegen ihrer robusten Fahrleistungen. Ständig weiterentwickelt, hat sich das Modell bis heute im Harley-Davidson Programm gehalten, wenn auch mit anderem Charakter: 1993 hatte sich „die Wilde" in eine gezähmte Jubiläums-Ausgabe verwandelt – was man mit Farbe nicht alles so machen kann! Die „FXDWG" verdiente sich ihren zusätzlichen Buchstaben durch die Neuentwicklung auf Basis der Dyna-Rahmen. Breite Vorderradgabel, einteiliger Fat-Bob-Tank und die Auspuffanlage wurden auf das Styling abgestimmt, aber irgendwie war aus der Optik der Dampf raus. Edel-Custom statt Outlaw-Look war jetzt angesagt, der Rebell wurde in den Konfirmandenanzug gesteckt, denn Großmutter feierte Geburtstag.
Während es den wenigsten Unternehmen vergönnt ist, wenigstens ihr fünfzigjähriges Firmenjubiläum zu erreichen, hatte es Harley-Davidson als einer der wenigen Motorradhersteller in ununterbrochener Fertigungstradition durch mehrere Wirtschaftskrisen, Verkäufe und nicht zuletzt zwei Weltkriege geschafft. Eine Werbeanzeige in der deutschen Presse verkündete „Rezessionen, Börsenkrach, Depressionen, 17 US-Präsidenten, Modetrends und einen Marlon-Brando-Film ... Wir haben es überlebt". Dass Marlon Brando in seinem Film „The Wild One" („Der Wilde")

Geburtstag überall: auch an der Sissy Bar.

eine Triumph fuhr, während man den „Outlaw" Lee Marvin auf eine Harley setzte, hat wohl Wunden hinterlassen. Und Harley-Davidson stand 1990 erst am Beginn einer unglaublichen Erfolgsgeschichte, die den Motorradhersteller aus Milwaukee zu einem der bekanntesten Markennamen weltweit machen sollte.

Auch die Dyna Wide Glide von 1993 bot die typische Chopper-Anmutung mit weit nach vorne gelegter Fußrastenanlage, niedriger Sitzposition und weit nach hinten gezogenem Lenker: Der Buckhorn-Lenker von 1980 war einem Apehanger gewichen, wie er von der Polizei in einigen Bundesstaaten nicht gerne gesehen wurde. Wer in Florida mit einem Apehanger fährt, dessen Höhe die eigenen Schultern überragt, kann mit einem Strafzettel rechnen – wobei es den Cops egal ist, dass die Maschine in Deutschland TÜV-geprüft ist!

Der nach hinten gezogene Bobber Style Fender, von Harley „Bobtail" getauft, bietet einen guten Schutz gegen Straßenschmutz, und zur Bequemlichkeit des Beifahrers trägt eine kleine Sissy Bar bei. Die Sondermodelle des Jahres 1993 wurden mit viel Chrom und einer Sonderlackierung herausgeputzt: Anthrazitgrau und Silber, getrennt durch einen roten Zierstreifen. Die Tankembleme tragen die „90" zwischen zwei Adlerschwingen.

Den runden Geburtstag der Company feierte man übrigens im Juni des Jahres 1993 – es war die bis dahin größte Party, die Milwaukee je gesehen hatte – und ein kleiner Vorgeschmack dessen, was man für den 95. und 100. Geburtstag zu erwarten hatte. Zudem feierte man den 10. Geburtstag

Ein Stück amerikanischer Freiheit feiert sein 90-jähriges Bestehen.

der Harley's Owner Group, kurz HOG, einem quasi Firmen-eigenen Motorradclub, was Milwaukee zu einer von Motorrädern belagerten Stadt machte. Am 12. Juni 1993 führte Willie G. Davidson eine Gruppe von 15.000 Motorradfahrern an, die von Kenosha zum Festgelände nach Milwaukee rollten. Und zum ersten Mal wurden die Autobahnen eigens für Harley-Davidson Fahrer gesperrt, als sich ein Konvoi von 100.000 Harley-Davidson Motorrädern auf Milwaukee zu bewegte. Und die wahre Boomzeit der Firma sollte erst in den nächsten zehn Jahren kommen!

Technische Daten

FXDWG DYNA WIDE GLIDE (1993) (90TH ANNIVERSARY)

Fahrwerk:	Doppelschleifen-Stahlrohrrahmen, Stahlrohrschwinge, 2 Stoßdämpfer
Gabel:	Telegabel
Motor:	Luftgekühlter V2 „Evolution“, OHV-Steuerung, Zahnriemenantrieb, 5-Gang-Getriebe
Zylinder:	2, 45° Zylinderwinkel
Hubraum:	80 cubic inch
Leistung:	ca. 48 PS
Baujahr:	1993

FLSTC HERITAGE SOFTAIL (1997)
Die Harley für alle

Die Heritage Softail ist wohl das Bike, welches die meisten Harley-Fahrer und -Fans als die echte Harley-Davidson bezeichnen. Groß, komfortabel und mit einem Hauch Nostalgie, so lässt sich das Modell am besten beschreiben. Die Optik des Bikes ist in vielen Details der Duo Glide nachempfunden. Der große zweiteilige Tank, das Dashboard, die Speichenräder und vieles mehr. Allerdings mit dem großen Unterschied, dass die Duo Glide noch zwei normale Federbeine und eine einfache Schwinge hatte. Die Softail-Modelle sind am Heck einem Starrrahmen nachempfunden, der durch zwei unter dem Rahmen verbaute Stoßdämpfer abgefedert wird. Die von dem Amerikaner Bill Davis erfundene Schwingenkonstruktion wurde von der Harley-Davidson Motor Company übernommen, die ihm das Patent dafür abkaufte, was sich als gelungener Schachzug erweisen sollte. Die Heritage Softail, die ab 1987 gebaut wurde, verkörperte den neuen „Way of Live" der Harley-Gemeinde. Mit dem Evo Motor, der seine 65 PS aus 1340 ccm schöpft, verfügte die Heritage Softail

Viel zu schön, um böse zu sein: Die Heritage Softail spielt mit den Harley-Davidson Designs früherer Jahre.

Übersichtlich: Der zentrale Zündschalter und die große Tachoscheibe versprechen Ordnung.

über ein zuverlässiges, absolut alltagstaugliches Triebwerk, mit dem das Bike immerhin 165 km/h erreichte.
Das Motorrad verfügte natürlich wie alle Harley-Davidson-Modelle inzwischen über einen wartungsfreien Riemenantrieb und ein leicht zu schaltendes 5-Gang-Getriebe. Der Doppelschleifen-Stahlrohrrahmen bot ausreichend Stabilität und war sehr verwindungssteif. Die Einkolbenbremsen boten allerdings immer wieder Grund zur Kritik, doch auch das änderte Harley-Davidson später. Mit der 130er Bereifung kam die Heritage Softail immer noch sehr schmal besohlt daher, doch auch das passte zum klassischen Look der Heritage, die als auffälliges Merkmal auch vorn einen 130er Reifen mit 16 Zoll Durchmesser montiert hatte. Weitere Merkmale der Heritage waren die der Duo Glide nachempfundenen, tief heruntergezogenen Front- und Heckfender, aber auch die Speichenräder, deren Speichen jedoch einiger Pflege bedürfen, wenn sie nicht matt werden sollen.
Die Ausführungen und Sondermodelle der Heritage Softail sind schier endlos. So gab es sie im Laufe der Jahre mit einer großen Tourenscheibe, mit Packtaschen und Sissy Bar und mit diversen Ausführungen von Lenkern. Eines der wohl auffälligsten Modelle war sicherlich das schwarz-weiße Sondermodell mit einer Kuhfellsitzbank. Sehr beliebt

Feinste Verarbeitung kennzeichnet die Harley-Davidsons der neuen Generation: Der Tank besteht noch immer aus zwei Hälften.

ist auch bis heute die klassische Ausführung mit der nietenbesetzten Sitzbank und den Conchos an Sitzbank und Packtaschen.
1990 präsentierte Harley-Davidson eine Abwandlung der Heritage. Die so genannte Fat Boy in einer vollständig silbernen Lackierung mit Scheibenrädern. Für die Einen war das von Willy G. entworfene Motorrad der Stilbruch schlechthin, für Andere war es die Rückkehr zur bulligen und dennoch sportlichen Optik der Company. Das Bike war – sehr zum Schrecken der Customizer – schon ein echtes Custombike, ohne jegliche Zierleisten oder Accessoires, die von dem puren Look des Bikes ablenken könnten. 1997 kam zu den Modellen mit der Telegabel die Heritage Springer dazu, die den Nostalgielook des Motorrades komplettierte. Die meisten Modelle wurden jedoch weiterhin mit der Telegabel verkauft, die durch gute Fahreigenschaften und guten Federungskomfort glänzte. Die FL-Baureihe der Company war natürlich auch 1997 als Modell mit Telegabel erhältlich und wurde mit verschiedenen zweifarbigen Sonderlackierungen verkauft. Das Erscheinungsbild wurde weiterhin durch das breite Vorderrad und die Zusatzscheinwerfer geprägt. Auch die nietenbesetzten Packtaschen und die Sitzbank, auf der man hinten wie auf einem erhöhten Podest sitzt, waren Markenzeichen der Modellreihe.
Der klassische Look wurde von vielen Besitzern durch unzählige Zubehörteile vervollständigt, die in jeder erdenklichen Ausführung lieferbar waren und so aus vielen Heritage Softail Modellen Einzelstücke machten. Egal ob Spiegel, die oft der Anfang des Customizing sind, Chromdeckel mit goldenen Adlern

Western-Style in Serie: Nieten und Conchos an der Sitzbank.

und „Live to Ride"-Schriftzug oder andere Sitzbänke und Armaturen – es ist alles möglich, was gefällt. Besonders beliebt waren natürlich auch die Fishtail-Auspuffanlagen, die den klassischen Look mit einem tiefen, wenn auch nicht immer ganz legalen Sound kombinieren. Selbst ein hauseigenes Tuningprogramm, die so genannten „Screaming Eagle"-Produkte, waren für die Heritage lieferbar. Etwas mehr Leistung durch andere Nockenwellen, Luftfilter, Vergaser und Zündboxen fand so den Weg in viele Motorräder, die es mit den entsprechenden Modifikationen bis auf annähernd 90 PS brachten. Somit war die Heritage Softail ein absolut komfortables Reisemotorrad für zwei Personen, das aufgrund der dezenten Bremsleistung mit einigem Respekt und vorausschauend gefahren werden sollte.

Technische Daten
FLSTC HERITAGE SOFTAIL (1997)

Fahrwerk:	Doppelschleifen-Stahlrohrrahmen, Softail-Stahlrohrschwinge, 2 Stoßdämpfer unter dem Rahmen
Gabel:	Telegabel
Motor:	Luftgekühlter V2 „Evolution", OHV-Steuerung, Zahnriemenantrieb, 5-Gang-Getriebe
Zylinder:	2, 45° Zylinderwinkel
Hubraum:	80 cubic inch
Leistung:	ca. 56 PS
Baujahr:	1997

FXSTB NIGHT TRAIN (1998)
Black ist beautiful!

Das Modelljahr 1998 steht bei Harley-Davidson ganz im Zeichen des 95-jährigen Firmenjubiläums, welches im September des Jahres in Milwaukee stattfindet. Mehrere hunderttausend Harley-Davidson-Besitzer feiern das Jubiläum in großem Rahmen – und zahlreiche Serienmodelle werden in einer ausgefallenen braun-beigen Jubiläums-Lackierung angeboten. Da mag es verwundern, dass Harley-Davidson ausgerechnet zu diesem Zeitpunkt ein Motorrad vorstellt, welches lediglich in simplem Schwarz lackiert ist: Die „Night Train". Als eines der preisgünstigsten Softail-Modelle wird die FXSTB, wie die offizielle Modellbezeichnung lautet, schnell zu einem Verkaufsschlager – und ist es bis heute geblieben!

Harley-Davidson befindet sich zu diesem Zeitpunkt auf einem Erfolgsweg ohnegleichen: Die Verkaufszahlen bewegen sich seit Anfang der neunziger Jahre in einem ungebremsten Aufschwung, und der Verkauf von Zubehör, Bekleidung und Accessoires spült Geld in die Kassen der Firma. Das aus jahrelanger Erfahrung entstandene Baukastensystem erlaubt die schnelle

Black in Black: Die „Night Train" ist nicht nur für „Bad Boys" gemacht.

Schwarzer Kräusellack macht den Motor nicht nur optisch dunkel – er verbessert die Hitzeableitung erheblich.

Entwicklung neuer Modelle durch den Austausch einzelner Komponenten wie Gabel, Sitzbank, Tank und Fender – so wird gerade die Softail-Baureihe binnen weniger Jahre in zahlreiche Untermodelle aufgeteilt. Jedes davon spricht einen eigenen Fahrertyp an – und unterscheidet sich dabei doch von den anderen Modellen so signifikant, dass jede Maschine ihren eigenen Charakter hat. Individualität wird groß geschrieben, sowohl bei der Marke als auch bei ihren Kunden.

Dass man bei Harley-Davidson dabei die Marktentwicklung nie aus den Augen verliert, zeigt kein Motorrad besser als

Übersichtliche Bedienelemente: Die „Dragbar" erfordert eine weit nach vorne gebeugte Sitzposition – oder lange Arme ...

die „Night Train": Gerade in den 90er Jahren fahren viele Hardcore-Biker auf schwarze Bikes ab – in Europa und in den USA. Frei nach dem Motto von Henry Ford: „Sie können ihr Auto in jeder Farbe bekommen, wenn sie nur schwarz ist", dominieren die „Bad Bikes" die Zeitschriften der Fachpresse und die Bikeshows. Mit der Beschränkung auf die Farbe Schwarz, ergänzt durch einige ausgewählte Chromteile, spricht man diese Kundengruppe gezielt an. Und natürlich auch den „Freizeit Bad Boy" – den Börsenmakler oder Zahnarzt, der sich in seiner Freizeit in die Lederjacke wirft, um mit der Harley dem Sonnenuntergang entgegen und der Midlife-Crisis etwas davonzufahren. Dafür gibt es keine bessere Maschine als die „Night Train": Harley-Feeling pur und ohne Kompromisse.

1984 erstmals vorgestellt, entspringt die Softail oder FXST-Baureihe der FXWG Wide Glide und stellte Harley's ultimatives Design dar: Die Verbindung von modernem Federkomfort mit der Optik eines alten Starrrahmens machen seitdem die Faszination der Harley-Davidson Softail-Modelle aus – und diese sind zu einem großen Teil am Erfolg der Marke in den neunziger Jahren beteiligt. Dazu sind die Federbeine unter dem Getriebe in der Mitte des Doppelschleifen-Rohrrahmens platziert – und somit für den Betrachter unsichtbar.

Die „Night Train" von 1998 ist die konsequente Fortsetzung dieser Baureihe: Der 80 cubic inch Evolution-Motor liefert blubbernde 56 PS über einen ausgereiften Primärantrieb und den mittlerweile an allen Harley-Davidson-Baureihen eingeführten Riemenantrieb zum Hinterrad. Mit 293 kg wird die Night Train ihrem Namen gerecht: Im Vergleich mit anderen zeitgenössischen Motorrädern gleicht das Leistungsgewicht dem einer Lokomotive – aber das hat Harley-Fans noch nie gestört. Während die Softail-Modelle üblicherweise am oberen Ende der Harley-Preisskala angesiedelt sind, speckte man die Night

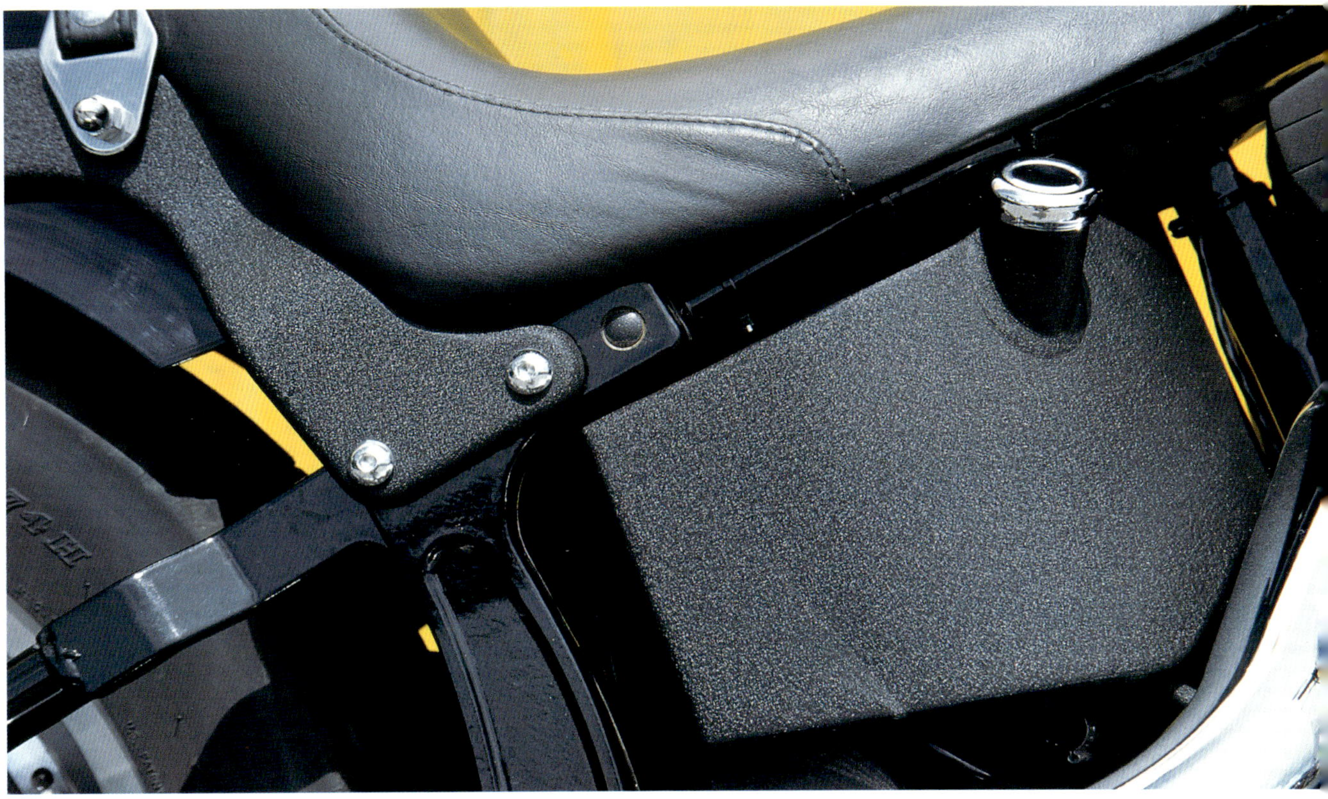

Train auf das unbedingt notwendige Minimum ab: Damit können auch Harley-Einsteiger einen Softail Big Twin erwerben – und ihn später beim Harley-Dealer aus dem mittlerweile mehrere hundert Seiten starken Zubehör-Katalog veredeln. Ganz zu schweigen von den zahllosen Customizern weltweit, welche die Night Train seit ihrem Erscheinen für Custom-Umbauten, Breitreifen-Kits und als Basis-Motorrad für wildeste Eigenbauten nutzen. Wen wundert's also, dass kaum eine „Night Train" noch im Serienzustand anzutreffen ist? Motor, Getriebe, Primärantrieb, Öltank und Fenderstruts sind mit schwarzem Schrumpflack überzogen, Tank, Fender und Heckteil glänzend schwarz lackiert. Mit einem geraden Lenker, weit nach vorne gelegten Fußrasten und einer eher auf Solobetrieb denn gemeinsame Ausfahrten ausgerichteten Sitzbank bringt die „Night Train" auch beim Fahrer das „Outlaw Bike"-Image voll rüber: Draufsetzen, Gas geben, abfahren! Plötzlich sieht eine Serien-Harley so aus wie 20 Jahre zuvor die Motorräder der „Bad Boys". Wenn das mal keine Evolution ist?

Finster, aber cool: Lackierung wie ein Stealth Fighter.

Technische Daten

FXSTB NIGHT TRAIN (1998)

Fahrwerk:	Doppelschleifen-Stahlrohrrahmen, Softail-Stahlrohrschwinge, 2 Stoßdämpfer unter dem Rahmen
Gabel:	Telegabel
Motor:	Luftgekühlter V2 „Evolution", OHV-Steuerung, Zahnriemenantrieb, 5-Gang-Getriebe
Zylinder:	2, 45° Zylinderwinkel
Hubraum:	80 cubic inch
Leistung:	ca. 65 PS
Baujahr:	1998

FLSTF FAT BOY (1998)
Fette Grüße zum 95. Geburtstag

Eine Fat Boy mit Speichenrädern? Das gab's wirklich! Bei ihrer Gründung 1998 stellte die hauseigene „Custom Vehicle Organisation" (CVO) drei umgebaute Fat Boy vor, die Dieter Rebmann exklusiv ablichtete. Ob diese Maschinen je das Werk verließen ist nicht bekannt.

Die Fat Boy ist das Harley-Davidson Macho-Bike schlechthin. Wie kaum eine andere Maschine ist die Fat Boy mit dem Erfolg der Marke in den 90er Jahren verbunden. Wie so viele Erfolgsmodelle entstand die Fat Boy auf dem Skizzenblock von Design-Chef Willie G. Davidson, der für dieses Modell aus der üppigen Designgeschichte von Harley-Davidson schöpfen konnte. Die massive Gabel mit der Verkleidung der Gabelstandrohre erinnert an die Hydra Glide von 1949, als bei Harley-Davidson die Telegabel eingeführt wurde. Ein riesiger Scheinwerfer sitzt auf der Blechverkleidung und ist ebenso ein Kennzeichen der Fat Boy wie die massiven 16-Zoll-Scheibenräder. Radscheiben, welche die Speichen gegen Verschmutzung schützen sollten, oder – bei Militärmotorrädern – einfacher zu reinigen waren, kamen im Laufe der Motorradgeschichte immer mal wieder in Mode. In den 90er Jahren, wo ausgefeilte aerodynamische Designs und leichtgewichtige Sporträder die Verkaufsargumente lieferten, war ein solches Rad ein Anachronismus. Aber einer, der von Willie G. mit Absicht gewählt worden war: Die Gesamtoptik der Fat Boy lag so quer zu den eingefahrenen Stilrichtungen, dass es für diese Maschine nur zwei Optionen gab: Top oder Flop.
Für den Modelljahrgang 1990 wurde

Der Motor des Baujahrs 1998 hat die Jubiläumsplakette des 95. Firmenjubiläums.

die Fat Boy einer erstaunten Öffentlichkeit vorgestellt: Der massive Auftritt der Fat Boy wird durch die Verarbeitung unterstrichen, denn an diesem Bike ist alles „Heavy Metal“. Fender, Tank und Öltank sind aus dicken Blechen gepresst – und auch die Accessoires sind aus dem Vollen geschnitzt. Anfang der 90er Jahre hatte Harley-Davidson schon ein gutes Gefühl dafür, was die Kundschaft wünschte. Da durfte so ein Big Bike auch mal 300 kg auf die Waage bringen. Ansonsten schöpfte die Fat Boy aus dem Baukasten-System, welches sich bei Harley schon lange bewährt hatte. Abgeleitet wurde die Fat Boy aus den Modellen Softail Custom und Heritage Softail Classic. Der Softail-Rahmen wurde 1984 eingeführt und verbindet die Optik eines Starrrahmens mit alltagstauglichem Federungskomfort. Der Federweg der unter dem Motor platzierten Stoßdämpfer ist dennoch eher moderat – bei diesem Fahrwerk zählte der Look mehr als die Fahreigenschaften. Das wurde auch durch die Lackierung unterstrichen, die als Gesamtkunstwerk erstmals auch den Rahmen einschloss: Während alle Serienrahmen die Lackierkabine in schwarzem Einheitston verlassen, wurde „Fine Silver Metallic“ in diesem Fall auch für das Rahmenwerk versprüht. Außer Chrom, Aluminium, Edelstahl und silbernem Lack setzten lediglich die gelben Streifen an den Rockerboxen farbliche Akzente, sie werden in späteren Modelljahrgängen an die jeweilige Grundlackierung angepasst.

Die Vorstellung der Fat Boy kam genau zum richtigen Zeitpunkt, denn ihren nächsten großen Auftritt hatte die Macho-Maschine gleich im darauffolgenden Jahr auf den Kino-Leinwänden: in „Terminator 2“. Auch in der x-ten Wiederholung auf Video oder Fernsehschirm bleibt die Szene, in der sich Arnold Schwarzenegger in einer Biker-Bar sein Outfit „borgt“, immer wieder cool – so lange man sich nicht in die Lage des Fat Boy Besitzers versetzt. Auch wenn dem Motorrad von Regisseur James Cameron nur ein relativ kurzer Auftritt vergönnt wurde – der

Links: Wohl kaum ein Custombike hätte für die CVO mehr Aufsehen erregt als eine Fat Boy mit Speichenrädern. Mission accomplished ...

Rechts: Chrom-Armaturen und alles was teuer ist: Die CVO Motorräder sind dafür bekannt, dass in reichem Maße Zubehör verbaut wird.

atemberaubende Stunt mit dem Sprung von der Brücke in die Entwässerungsgräben von Los Angeles blieb jedem Kinobesucher in Erinnerung.
Im ersten Produktionsjahr wurden stattliche 4400 Maschinen produziert, die den Händlern quasi aus den Händen gerissen wurden – es war der Beginn einer Erfolgsgeschichte. Als das Jahrzehnt zu Ende ging, war die Fat Boy das meistverkaufte Harley-Davidson Motorrad der Dekade – nicht schlecht für eine Maschine, die von der Motorradpresse eher belächelt und ob der Seitenwind-Empfindlichkeit ihrer Radscheiben misstrauisch beäugt wurde.
Dass Fat Boy Fahrer selten in Geschwindigkeitsbereiche vorstoßen, in denen Seitenwind eine Rolle spielt, ist dabei eine ganz andere Geschichte.
1998 stand ein weiteres großes Firmenjubiläum an und Harley-Davidson feierte den 95. Geburtstag – nicht nur in Milwaukee, sondern erstmals weltweit: Auch in Europa tobte am Faaker See in Kärnten erstmals die „Harleymania" – und selbst Willie G. Davidson kam für einen Besuch über den großen Teich und führte eine Parade von einigen Tausend Harley-Ridern auf einer 60 Kilometer langen Rundfahrt um den Wörthersee herum an. Wer die Parade auf einer 1998 Fat Boy in Jubläums-Lackierung erleben wollte, hätte seine Maschine schon Monate im Voraus bestellen müssen – mittlerweile hatte die Kundennachfrage das Angebot klar überflügelt und Harley-Davidson Dealer in aller Welt erlebten ihr goldenes Zeitalter. In dezentem Mittelgrau hoben sich die „95 Years"-Embleme vom Bike ab. Ihr Platz im Modellprogramm von Harley-Davidson ist so solide wie das Erscheinungsbild der Maschine – und wenn es auch sehr selten noch originalgetreu erhaltene Fat Boys aus allen Produktionsjahren gibt, kann man jedes Jahr einen fabrikneuen, originalen

Auch an den Trittbrettern – edles Zubehör statt Serie.

Die Straße im Griff? Aus Pilotensicht ist die Maschine „Fat Boy“ pur.

Unten: Eingestickt in den Sitz – 95 Years Logo.

Klassiker ordern. Auch mit den leichten Überarbeitungen kann man sich wie bei guten Action-Filmen sicher sein: Fortsetzung folgt. Oder um es mit dem Terminator zu sagen: „I'll be back!“

Technische Daten

FLSTF FAT BOY (1998) (95TH ANNIVERSARY CVO SPECIAL)

Fahrwerk:	Doppelschleifen-Stahlrohrrahmen, Softail-Schwinge, 2 Stoßdämpfer unter dem Rahmen
Gabel:	Telegabel
Motor:	Luftgekühlter V2 „Evolution“, OHV-Steuerung, Zahnriemenantrieb, 5-Gang-Getriebe
Zylinder:	2, 45° Zylinderwinkel
Hubraum:	80 cubic inch
Leistung:	ca. 65 PS
Baujahr:	1998

VRSCA V-ROD (2001)

Harley-Davidson und Porsche – Revolution aus Milwaukee und Zuffenhausen

American Design meets German Technology: Die V-Rod war das Motorrad, welches 2001 und 2002 die Titelseiten der Zeitschriften beherrschte!

Nicht nur, dass die VRSCA ein völlig neues Kundensegment ansprechen sollte, es ist das erste Harley-Davidson Serienmotorrad mit Wasserkühlung. Dies spaltete 2001 die gesamte Harley-Gemeinde in zwei Lager, von denen die einen den Fortschritt begrüßten, und die anderen die Meinung vertraten, dass dieses keine „echte" Harley mehr sei. Wie auch immer, der Fortschritt durch den Revolution-Motor war nicht mehr aufzuhalten, und der von Porsche entwickelte Motor katapultierte die V-Rod in bisher nicht dagewesene Drehzahl- und Geschwindigkeitsbereiche. Der Begriff Powercruiser war geboren. Nicht nur der Motor, auch der Rahmen war eine Neukonstruktion, die verwindungssteifer und fahrstabiler war als alle bisherigen Harleys.

Die ersten Kilometer, die in Europa unter die Räder genommen wurden, waren die im österreichischen Faak, wo die VRSCA im Jahre 2001 vorgestellt wurde. Die Direktoren aus den USA ließen es sich nicht nehmen, nach ihrem Meeting in Salzburg die Bikes eigenhändig über die Straßen Österreichs zum Faaker See zu fahren. Eben immer noch echte Biker, die Herren. Nachdem die Motorräder nach der Regentour gereinigt waren, standen sie offiziell zum Anschauen und Probesitzen bereit, was natürlich nicht genug

Eine Harley-Davidson mit Wasserpumpe? Noch immer für viele Traditionalisten in den USA ein Graus. In Europa ist die V-Rod eins der beliebtesten Motorräder.

war. Alle wollten mehr – den echten Fahrtest.

Als das Interview mit Jeff Bleustein abgeschlossen war, hetzten die Journalisten zum nächsten Termin bei Bernd Gneithing von Harley Deutschland, der eine Fahrt mit der V-Rod zusicherte. „Ich ruf euch an, wenn das Wetter gut ist“, hieß die Auskunft von höchster Stelle. Wow, das ist ein Wort! Vorfreude mischte sich mit der Hoffnung auf Sonne und trockene Straßen. Dann der ersehnte Anruf: Habt ihr in einer Stunde Zeit, das Bike ist bereit.

Nach der Schlüsselübergabe dann die ersten Fahrtests auf europäischem Boden.

Nachdem für die nur 300 Meter lange Strecke aus dem Harley-Village hinaus volle zehn Minuten nötig waren, gab es keinerlei Zweifel mehr: das ist ein echter Hingucker. Nun endlich den Tank unter der Sitzbank gefüllt, diese runtergeklappt und los. Die Handlichkeit des Bikes war trotz des langen Radstandes von 1713 Millimetern schon auf den ersten Metern offensichtlich, denn noch nie musste man so vielen Menschen ausweichen, die versuchten einen zu stoppen, um das Bike bewundern zu können. Als wir die Fan-Massen hinter uns gelassen hatten, war es soweit. Kurven, Kurven und nochmals Kurven. Den Gashahn verhalten aufgedreht und vorsichtig in die ersten Biegungen. Nach wenigen Kilometern kam das Gefühl auf, mit dem Bike eins zu sein, und das Testprogramm konnte beginnen. Die Bodenfreiheit lädt förmlich dazu ein, einen Pass hochzufahren und auf dem Rückweg gleich die Bremsen zu testen. Auf den Bergauf-Passagen waren selbst einige Sportbikes nur noch rollende Hindernisse, was der Verdienst einer völlig neuen, verwindungssteifen Rahmenkonstruktion und der üppig

Links: Scheibenrad und Design-Bremsscheiben.

Rechts: Typisch V-Rod – die schräge Lampe.

dimensionierten Aluschwinge ist. Das noch kombiniert mit Niederquerschnittsreifen der Dimensionen 120/70 ZR 19 vorn und 180/55 ZR 18 hinten, sowie der stabilen 49 mm starken Gabel, bietet Fahrspaß pur. Der 60° V-Motor beschleunigt die V-Rod völlig ruckfrei aus dem Drehzahlkeller bis auf 9000 U/min und steckt Steigungen weg, als wenn sie kaum vorhanden wären. Das ungewohnt große Drehzahlband, und das aus 1130 ccm geschöpfte Drehmoment von 100 Nm, lassen keine Zweifel daran, dass eine neue Ära angebrochen ist. Porsche lässt grüßen.
Oben angekommen stand dann das Pflichtprogramm auf dem Plan: Fotoshooting. Nach dem Abstellen des Motors drang ein ungewohntes Geräusch an die Ohren, ein elektrischer Lüfter, der lautstark darauf aufmerksam machte, dass er das Wasser nun noch etwas kühlen müsse. Die nächste Übung hieß dann intensiver Bremsentest: Die ersten Kurven wurden noch Harley-typisch angebremst, so dass man viel zu langsam war, bevor die Kurve kam. Alles was in der Vergangenheit über dieses vernachlässigte Fahrzeugteil bekannt war, kann man nun getrost zu den Akten legen. Selbst nach der Abfahrt von ca. fünf Kilometern mit Spitzkehren und bis zu elf Prozent Gefälle ließ die Bremswirkung der Scheibenbremsen nur unwesentlich nach. Der Druckpunkt der Vierkolben-Bremssättel ist zu spüren, so dass sich das 270 kg schwere Bike gut dosiert stoppen lässt. So etwas kannte man zuvor nur von Motorrädern aus dem Land der aufgehenden Sonne. Die gewohnt lässige Sitzhaltung, in Verbindung mit den altbekannten Bedienungselementen, lässt nicht vermuten, dass dieser Cruiser auch sportliche Qualitäten hat.
Inzwischen hat die V-Rod-Familie Zuwachs bekommen und glänzt mit einer breiten Modellpalette. Vom sportlich orientierten VRSCR-Modell über die preisgünstige VRSCB bis hin zum Tourenmodell und dem weltweit ersten Factory Dragster hat Harley-Davidson aus dem Bike eine völlig eigenständige Produktpalette entwickelt, die sicherlich noch weiter wachsen wird.

Links: Ein Hauch MV Agusta, aber mit viel mehr Chrom: V-Rod Auspuff.

Rechts: Auch Big Twin-Fahrer sind sofort zu Hause. Bedienelemente wie bei allen anderen Harleys.

Die superb und übersichtlich gestaltete Instrumententafel.

Unten: Der Zubehör-Katalog wird gleich mitgeliefert: Sissy Bar und Gepäckträger.

Technische Daten
VRSCA V-ROD (2001)

Fahrwerk:	Doppelschleifen-Rohrrahmen, Aluminium-Profilschwinge, 2 Stoßdämpfer
Gabel:	Telegabel
Motor:	Wassergekühlter V2, DOHC, Benzineinspritzung
Zylinder:	2, 60° Zylinderwinkel
Hubraum:	1131 ccm
Leistung:	120 PS
Baujahr:	2001-2007

FLSTS HERITAGE SPRINGER SOFTAIL (2003)
100 Jahre Harley-Davidson

Ein tiefes Donnern liegt in der Luft, als läge ein fernes Gewitter über dem Lake Michigan, doch das Grummeln nähert sich rasch und als Vorbote rollt ein Police Officer aus Milwaukee, auf der Sitzbank stehend, die Straße herab, gefolgt von einer weiteren Polizei-Eskorte. Was dann folgt, ist eine stundenlange Parade von tausenden und abertausenden Motorrädern in einer Roll-in-Show, wie sie auch Milwaukee noch nicht gesehen hat! Harley-Davidson feiert 100 Jahre Firmenbestehen – und der Abschluss in Milwaukee war der Höhepunkt eines Jahres, wie man es auch in der Stadt am Milwaukee River noch nie gesehen hat.

100 Jahre American Iron: Eine Orgie in Lack, Chrom und Stahl für den runden Geburtstag von Harley-Davidson.

Gefeiert wurde der erste 100-jährige Geburtstag einer Motorradmarke rund um die Welt: Japan, Australien, Deutschland und Spanien waren die Stationen der Geburtstagstour – und überall bewegten sich hunderttausende von Harley-Davidson Fans zu den Events, um dieses Ereignis stilgerecht zu begehen.
Für die Designabteilung von Harley-Davidson begann dieses Jubiläum bereits Jahre zuvor: Mit der Entwicklung der Farben, Grafiken und Plaketten der Geburtstagsmodelle des Modelljahrs 2003. Der Hersteller aus Milwaukee beging seinen Geburtstag mit einer noch nie da gewesenen Fülle von

Die Jubiläumsschwingen am Twin Cam-Motor.

Sonderlackierungen, Geburtstagsplaketten und Aufklebern, die es nur in diesem Modeljahr gab. Von jeder Baureihe wurde mindestens eine Maschine in der speziellen schwarz-silbernen „100th Anniversary"-Lackierung angeboten, bei welcher die Farbschichten durch besondere Aufkleber mit in Karos angeordneten winzigen „Harley-Davidson" Schriftzügen getrennt wurden. Dazu gab's die großflächigen Tankplaketten mit dem „Bar & Shield"-Logo, Flügeln und der Zahl „100".

Dabei gönnte sich Harley schon im Vorfeld des Geburtstags eine Verjüngung der Modellpalette: Mit der Vorstellung der V-Rod in 2001 legte Harley selbst die Latte für den Geburtstag hoch. Dieser Power Cruiser war das modernste und revolutionärste Bike, welches die Fließbänder von Harley je verlassen hat – und es wurde in einer eigens dafür errichteten Fertigungsanlage in Kansas produziert. Schon kurz nach dem 95. Geburtstag wurden in Milwaukee die Weichen mit Kurs Zukunft gestellt: Der neue „Twin Cam 88"-Motor wurde zunächst 1999 bei den gummigelagerten FX und FL Modellen eingeführt, im Jahr darauf folgte der „Twin Cam 88 B", wobei das B für „Balanced" steht. Zum ersten Mal drehten sich in einem luftgekühlten Harley-Twin Ausgleichswellen um die Vibrationen zu kompensieren. Alle Softail-Modelle wurden mit dem Aggregat ausgestattet, was die Sportster-Baureihe zu „Oldtimern" im Modelljahr 2003 stilisierte.

Unauffällig aber stetig hat die Heritage Softail im Laufe ihrer Produktionszeit jene Stelle eingenommen, die früher

Der Zentralschalter beinhaltet auch das Zündschloss.

Links: Chrom-Power: Nach 100 Jahren kommt so manches zusammen.

Rechts: Springergabel-Nostalgie und moderne Scheibenbremsen.

von der Electra-Glide besetzt war: Der leichte Tourer mit Scheibe, Packtaschen und Trittbrettern – das ganze Paket im populären Softail-Rahmen, der an die Starrrahmen der Panhead- und Knucklehead-Modelle erinnert. Mit bequemer Sitzbank und Speichenrädern hat die Heritage Softail genau die Retro-Optik, nach der sich Harley-Fans so sehnen: Moderne Technik im alten Kleid, gepaart mit dem wuchtigen, kraftvoll schlagenden Herz aus Milwaukee, welches noch immer in dieser Stadt produziert wird, um später in York/Pennsylvania mit dem Fahrwerk „verheiratet" zu werden. Und dann die Orgie aus Lack und Chrom, die im Geburtstagskleid natürlich einen besonderen Sammlerwert verspricht. Die „Anniversary"-Modelle sind schneller ausverkauft als jeder andere Harley-Jahrgang ... Das alles kümmert die geschätzten 500.000 Harley-Davidson Fans wenig, die am ersten September-Wochenende nach Milwaukee rollen: Sie zelebrieren die wohl größte Geburtstagsparty, die die Welt je gesehen hat – und eine ganze amerikanische Großstadt macht mit. Für ein Wochenende erzittern die Ziegelsteingebäude der Stadt unter dem Donnern der V-Twins – und die Hotels und Campingplätze sind im Umkreis von 200 km ausgebucht. Zum „Homecoming" alle fünf Jahre finden sich große und kleine Clubs aus der ganzen Welt zusammen – und reiten oft quer durch die USA nach Milwaukee. Gefeiert wird in der ganzen Stadt – und die Fabrikgebäude der Motorenproduktion, vor allem aber die „alte" Fabrik in der Juneau Avenue, werden von den Besuchern förmlich belagert.

Im Henry W. Maier Festival Park am Lake Michigan gaben sich an diesem Wochenende die Classic-Rock-Legenden die Klinke in die Hand, Stunt-Shows und Motorrad-Artistik locken nicht nur die Harley-Rider an den See. Auf riesigen Parkplätzen stehen die Boliden dicht and dicht geparkt und bilden eine einmalige riesige Bikeshow. 100 Jahre alt wird man halt nur einmal.

Links: Tombstone-Rücklicht.

Rechts: Moderne Zeiten: Die Motornummern sind eingelasert.

Wo passt noch eine Jubiläumsplakette hin? Tank (oben), Sitzbank (Mitte) und Tankdash (unten).

Technische Daten

FLSTS HERITAGE SPRINGER SOFTAIL (2003) (100TH ANNIVERSARY)

Fahrwerk: Doppelschleifen-Stahlrohrrahmen, Softail-Stahlrohrschwinge, 2 Stoßdämpfer unter dem Rahmen
Gabel: Telegabel
Motor: Luftgekühlter V2 Twin Cam 88 B, OHV-Steuerung, Zahnriemenantrieb, 5-Gang-Getriebe
Zylinder: 2, 45° Zylinderwinkel
Hubraum: 88 cubic inch
Leistung: ca. 64 PS
Baujahr: 2003

DAVIDSON
MADE IN GERMANY

VRSCR STREET ROD (2006-2007)
Sie tanzte nur zwei Sommer …

Für echte Motorradfahrer die beste Maschine, welche Harley-Davidson je auf zwei Räder gestellt hat: Die Street Rod ist Fahrgenuss pur.

Mit der Vorstellung der V-Rod im Jahre 2001 setzte Harley-Davidson sich nicht nur selbst einen Meilenstein, man nährte auch die Erwartungen nach anderen Modellen mit dem wassergekühlten V2. Der Umbau der V-Rod zum „Streetburner" war bis zum Modelljahrgang 2006 engagierten Händlern überlassen worden – und davon gab es vor allem in den USA nicht gerade viele. In Europa baute der Harley Dealer von Toulon eine experimentelle V-Rod mit Upside-Down-Gabel und variabler Lenkgeometrie – doch es blieb bei diesem Einzelstück. Das hätte Harley-Davidson auch als Warnung sehen können, doch zwischen Frankreich und den USA liegt seit dem 11. September 2001 nicht nur der Atlantik. Zu diesem Zeitpunkt waren die Entwicklungsarbeiten auch schon zu weit fortgeschritten – und in den USA waren die Verkäufe der V-Rod hinter den Erwartungen zurückgeblieben. Der Rest der V-Rod Fans konnte sich zwar an dem modernen Bike und kraftvollen 120 PS erfreuen, musste sich aber mit den in den Kurven schleifenden Fußrasten abfinden, welche zudem noch weit vorne am Rahmen angebracht waren. Erst mit der Street Rod machte Harley-Davidson einen Quantensprung nach vorne: Viele halten die Street Rod für die beste Harley, die je gebaut wurde. Trotz ihrer Ähnlichkeit mit der VRSCA V-Rod,

Erst in der Street Rod wird der wassergekühlte „Revolution"-Motor richtig gefordert.

deren Triebwerk die Maschine befeuert, ist die Street Rod ein völlig eigenständiges Motorrad. Hohe Sitzposition, viel Bodenfreiheit, mittig angebrachte Fußrastenanlage und Upside-Down-Gabel machen die Street Rod zu einem echten Kurvenfeger. Seit der XLCR Café Racer und der XR 1000 die erste Harley, die diese Bezeichnung zu Recht trägt. Die technischen Lösungen entstammen der V-Rod: Einspritzanlage und Luftbox unter der Tankattrappe, das echte Benzinreservoir sitzt unter dem Sattel, der von 660 auf 762 mm Sitzhöhe hochgeschraubt wurde. Der Wasserkühler ist identisch mit der V-Rod und lässt sich auch beim Umbau nur schwer ersetzen: Zu ausgefeilt ist der Kühlluftfluss mit Verwirbelung durch die im Einlass befindlichen Leitrippen. Ein anderer Kühler müsste für die gleiche Effektivität nahezu doppelt so groß sein. Auch die Auspuffanlage sitzt nun so hoch, dass in den Kurven nicht mehr die Funken fliegen.

Im Vergleich zu den luftgekühlten 45°-Motoren hat die Maschine mit einem Hubraum von nur 1131 ccm scheinbar einen Nachteil – der egalisiert sich aber im Alltagsbetrieb im Handumdrehen: Mit 120 PS hängt die Maschine jederzeit sauber am Gas und zieht die immerhin 295 kg Trockengewicht jederzeit aus der Kurve. Präzise zu schaltendes Fünfgang-Getriebe und der wartungsarme Riemenantrieb leiten die Kraft zum Hinterrad. Auf der Landstraße ist die Street Rod eine echte Offenbarung: Gnadenlos kann man mit dem Bike um die Ecken fetzen, Bremsen und Fahrwerk sind vom Allerfeinsten.

Das Zündschloss versteckt am Lenkkopf.

Links: Bedienelemente wie gewohnt, Kupplung hydraulisch.

Rechts: Design-Klassiker – V-Rod Headlight.

Ein 300-kg-Monster mit dem Handling eines Super Moto Artisten – kaum zu glauben, dass diese Maschine aus Milwaukee kommt.
Diese Zweifel müssen auch die potenziellen Käufer der Street Rod beschlichen haben, denn sowohl in den USA als auch in Europa standen die Bikes wie Blei in den Läden. Daran konnten weder geradezu enthusiastische Fahrberichte in den Fachzeitschriften noch die Veredelungen von Custombike- und Streetfighter-Spezialisten wie RRC und Speed Point etwas ändern, welche die Street Rod nicht nur abspeckten, sondern noch extremer auf Streetbike trimmten. Immerhin lässt sich aus dem V-Rod-Motor mit Motortuning einiges an Mehrleistung herausholen: Mehr als 150 PS sind immer drin. Das wahre Potenzial der von Porsche entwickelten Motorbaureihe wird vor allem durch den jüngst erschienenen Kompressor-Kit von Sprintex geweckt: Entfesselte 160 PS und mehr schießen den Street-Rodder gnadenlos von Ortschaft zu Ortschaft, sofern er sich eines der bald raren Schmuckstückchen noch sichern kann. Mangels Nachfrage wurde die Street Rod bereits mit dem Modelljahr 2008 aus dem Programm genommen. Angesichts des Entwicklungsaufwands, welcher ja nicht nur in die Konstruktion des neuen Fahrwerks, sondern auch in adäquates Zubehör gesteckt wurde, eine nicht unbedeutende Niederlage für Harley-Davidson. Ausgerechnet die von Fachleuten am Besten beurteilte Maschine verkaufte sich am Schlechtesten.
Ob die Street Rod eine Wiederauflage erleben wird, hängt wohl von der zukünftigen Entwicklung des US-Marktes ab. Mit dem Erscheinen der neuen Buell wird dies eher unwahrscheinlich. Wer das Image einer Harley-Davidson mit der Performance eines echten Street-Bikes verbinden will, der kann sich mit der Street Rod einen zukünftigen Klassiker sichern – und auf der Straße echt Spaß haben!

Links: Die Auspuffanlage bietet Bodenfreiheit.

Rechts: Die Vierkolben-Bremszangen beißen kräftig in die Scheiben.

Auf einen Blick: Tacho, Drehzahl und Tankanzeige.

Mitte: Integriert – Rücklicht im Fender versenkt

Unten: Aluminium-Optik, wohin man blickt.

Technische Daten

VRSCR STREET ROD (2006-2007)

Fahrwerk:	Doppelschleifen-Rohrrahmen, Aluminium-Profilschwinge, 2 Stoßdämpfer
Gabel:	Upside-Down
Motor:	Wassergekühlter V2, DOHC, Benzineinspritzung
Zylinder:	2, 60° Zylinderwinkel
Hubraum:	1131 ccm
Leistung:	120 PS
Baujahr:	2006-2007

XL 1200 N NIGHTSTER (2008)

... one for the Night

Harley-Davidson war noch nie darum verlegen, wenn es darum ging, neue Marktlücken auszuspähen, anzutesten und auszufüllen: Mit dem Modelljahr 2008 ist auch die Sportster-Baureihe auf nunmehr acht Modelle angewachsen – ein Tribut an 50 Jahre Modellgeschichte der Sportster-Baureihe, die mit dem neuen, in Gummiblöcken gelagerten 1200er-Motor auch technisch im neuen Jahrtausend angekommen ist. Trotz der fünfzigjährigen kontinuierlichen Entwicklung und Verbesserung hat die 2008er Sportster mit ihren Urahnen mehr gemein als nur den Namen. Da ist der 45° V-Twin mit den vier untenliegenden Nockenwellen, direkt angeflanschtem Getriebe und den Hubraumabstufungen von 883, 1000 und 1200 ccm, wobei man auf den runden „Liter" mittlerweile verzichtet – und auch der Doppelschleifenrahmen blieb bis in die jüngste Zeit beim Fahrwerk Stand der Dinge.

Trotz ihres geringeren Hubraums gegenüber den „Big Twin"-Modellen war die Sporty immer schon die sportlichere Harley – und dies nicht nur dem Namen nach: Der Harley-Davidson Sportster Cup wurde mit den schnellen Twins ausgetragen – und nahezu alle schnellen V-Twin Dragster auf Harley-Basis betätigen ihre Ventile über vier Nockenwellen. Wie schon seit Jahren bei den FX-Modellen vorgelebt, wurde das kom-

Ein Look mit Tradition: XL 1200 Nightster des Modelljahrs 2008.

Der 1200er Sportster-Motor: Nun endlich in Gummielementen gelagert.

plette Motorgehäuse der Sportster-Modelle in Gummiblöcken gelagert, damit werden die Vibrationen, an denen sich Sportster-Fahrer seit 50 Jahren erfreuen konnten, nahezu komplett aus dem Rahmen genommen. Auch der Sportster-Motor des Jahrgangs 2008 kommt angesichts verschärfter Abgasvorschriften nicht an einer Einspritzanlage vorbei. Electronic Sequential Port Fuel Injection, kurz ESPFI, nennt sich das bei Harley, und wer nicht selbst an der Maschine schrauben will – und dies sind dieser Tage die meisten Harley-Davidson Kunden – erfreut sich des geringen Wartungsaufwands und der zuverlässigen Funktion. Der drehmomentstarke Motor zieht das immerhin auf 254 kg abgespeckte Bike flott durch die Kurven. Die Schräglagenfreiheit beträgt 30° links und 29° rechts – 1° sind der Tribut an die cool aussehende „slash-cut" Auspuffanlage. Und an die Optik: Zugunsten einer Hot Rod Optik verzichtet die Nightster auf Sitzhöhe, was sie für niedrig gewachsene Fahrer zur ersten Wahl macht. Trotzdem ist die Sporty alles andere als ein „Ladies Bike", als welches die Sportster-Modelle oft von Unwissenden verspottet wurden. Schließlich ließ sich auch Elvis Presley mit dem Vorgänger-Modell der Sportster KH auf dem Titel der Hauszeitschrift „Enthusiast" abbilden.

Die Nightster ist das neueste Modell der Baureihe für 2008 – und wurde optisch auf Minimal-Look getrimmt. Die Old Style-Optik mit Speichenrädern und Solo-Sitz nimmt Anleihen von den ersten Sportys der 50er und 60er Jahre, doch in letzter Konsequenz wirken die

Zündschloss am Rahmen: Die elektrischen Baugruppen haben sich in 50 Jahren Sportster-Geschichte vervielfacht.

Klassisch: Speichenräder.

Rechts: Old School Look – Faltenbälge schützen die Gabel.

Rechts: Schmal aber effektiv – Scheinwerfer.

echten Oldtimer dann doch kompakter und besser gezeichnet. Vielleicht liegt es auch nur daran, dass einfach zu viele elektrische Komponenten und Kabel unter zu wenig Blech verschwinden müssen? Oder muss man sich erst an den neuen Look gewöhnen? Die Zeit wird es zeigen.

Dafür legte Harley-Davidson in Sachen Design mal wieder Innovatives und Extravagantes nach: Wer nach einem Rück- oder Bremslicht fahndet, sucht am Heckfender vergebens: Beide befinden sich in den Blinkergehäusen (!) – ein Gag den so ausgeführt wohl kein Zubehörhersteller durch den TÜV bekommen hätte. Ganz zu schweigen davon, dass überhaupt noch niemand auf die Idee gekommen war! Damit auch Lob für Harley-Davidson als Innovator und Eisbrecher bei den Zulassungsbehörden.

Ob sich der Look durchsetzen wird bleibt abzuwarten – den Schritt hin zur neuen LED-Technologie hat man noch nicht gewagt. In den USA ist sogar das Nummernschild an der Seite montiert:

Eine Verbeugung vor dem Custom-Look, wie er in den letzten Modelljahren immer öfter zu finden ist. Felgen und Naben, Gabel und Lenker, wie auch die Rastenanlage und Griffe sind in Schwarz gehalten. Faltenbälge an der Gabel und der gelochte Beltschutz unterstreichen den Custom Look. Motor und Luftfilter in Mittelgrau machen die Nightster zu einem echten Hingucker – auch bei Tag. Und wie bei Harley-Davidson üblich: Was das Serienbike nicht bietet, findet man in den Zubehörkatalogen, die heute sozusagen schon im Lieferumfang der Maschine inbegriffen sind. Wer einen preiswerten Einstieg in die Harley-Welt mit einer stilechten Maschine sucht, der trifft mit der Nightster genau die richtige Wahl.

Ein cooler Ritt entlang der Strandpromenade von St. Tropez ist genau das, was man mit diesem Bike machen sollte – und anschließend auf die Landstraße nach Norden und in die Kurvenstrecken des Luberon oder der französischen Seealpen. Die genießt man aber erst nach dem Sonnenaufgang ...

Links: Street Legal – Rückspiegel im Bratpfannenformat.

Mitte: Minimalismus – Tacho und Kontrolleuchten.

Unten: David Copperfield schlug zu – wo ist das Rücklicht?

Technische Daten

XL 1200 N NIGHTSTER (2008)

Fahrwerk:	Doppelschleifen-Stahlrohrrahmen, Stahlrohrschwinge, 2 Stoßdämpfer
Gabel:	Telegabel
Motor:	Luftgekühlter V2 „Evolution“ Sportster, OHV-Steuerung, Riemenantrieb, 5-Gang-Getriebe, Motorgehäuse gummigelagert, ESPFI Benzineinspritzung
Zylinder:	2, 45° Zylinderwinkel
Hubraum:	73,20 cubic inch
Leistung:	ca. 67 PS
Baujahr:	ab 2008

FXD DYNA SUPER GLIDE (2008)
… and the Beat goes on: 105 Jahre Harley-Davidson

Welches Motorrad ist im August 2007 die älteste Maschine im Harley-Davidson Programm? Es ist eine Frage, mit der man selbst die Profis und Kenner der Harley-Davidson Szene verwirren und sich ein Bier verdienen kann. Die Antwort lautet: die V-Rod! Wer dachte, dass sich Harley-Davidson nach den Feierlichkeiten zum 100. Firmenjubiläum auf die faule Haut legen würde, sah sich schnell eines Besseren belehrt: Die Street Rod, eine völlig neue Sportster und die Aufstockung des Hubraums auf 96 cubic inch beim gesamten Big Twin-Jahrgang 2008 mischten den Markt und die eigenen Händler kräftig auf – zumal die Hubraumerweiterung nur ein Teil der neuerlichen Evolution war. Fahrwerke und Hardware wurden ebenso überarbeitet wie die Elektronik. Um neue Abgasvorschriften in den wichtigsten Weltmärkten einhalten zu können, sind mittlerweile alle Modelle der Harley-Davidson Palette mit Benzineinspritzung ausgerüstet. Das soll nicht nur die Umwelt schonen – mit den neuen Diagnostikgeräten werden die Kunden zukünftig weit stärker wieder an die offiziellen Händler gebunden, weil nur diese auch die passende Software für Motor und Maschine haben. Mit dieser Auffrischung ist die Dyna Super Glide eines der modernsten Motorräder der Harley-Palette – und

Elegante Optik: Die Geburtstagslackierung für das 105. Firmenjubiläum.

Der stärkste Big Twin aller Zeiten: Noch im Jahr zuvor waren 96 cubic inch nur als Tuning-Kit zu bekommen.

dies 37 Jahre nach ihrer Einführung! Im Modelljahr 2006 hatte man das 35. Produktionsjahr des Modells gefeiert – und der Mann, welcher für das Design der Ur-Super-Glide verantwortlich zeichnete, brachte einmal mehr dieses Motorrad auf den Punkt: das „Muscle-Bike“ aus Milwaukee. Tatsächlich war die 35th Anniversary Edition, im gleichen Weiß-Blau-Rot wie die Stars & Stripes-Flagge und mit dem unverwechselbaren „1“-Logo auf dem Tank, ein Höhepunk der Baureihe. Diesmal musste Willie G. das Design nicht gegen ein skeptisches Management durchboxen, sondern konnte aus dem vollen Reservoir einer erfolgreichen Firmengeschichte schöpfen, die er in großen Teilen „co-designed“ hat.
Wie die Corvette, der TransAm oder eine Coca-Cola Flasche hat die Super Glide ein amerikanisches Design, welches sie unverwechselbar macht. Vom schmalen Vorderrad zum fetten Gummi am Heck, vom „Pull Back“-Lenker bis zum fetten runden Metallfender, der sich, von chromblitzenden Streben gehalten, über das Hinterrad streckt – dieses Motorrad ist ein Macho-Bike der reinsten Sorte.
In den nachfolgenden Jahren kam die Super Glide wieder etwas unscheinbarer in den Lackdesigns daher, erst mit den Sondermodellen zum 105. Firmenjubiläum – zu denen natürlich auch die Super Glide zählt – kehrt wieder etwas Farbe zurück: Anniversary Copper/Vivid Black heißt die Farbkombination, mit der mittlerweile in regelmäßiger fünfjähriger Folge in Milwaukee eine große Party gefeiert wird. Auf das Jahr 2008 fällt zudem das 25. Gründungsjubiläum der Harley Owners Group, kurz HOG. Ein Grund mehr zum Feiern.
Das Modelljahr 2008 stellt in vieler Hinsicht einen Einschnitt in die Firmengeschichte dar, sowohl des Jubiläums wegen als auch mit den Modelländerungen. Der auf 96 cubic inch aufgebohrte Motor entspricht nun dem Leistungsstand, den man zuvor nur mit den hauseigenen „Screamin' Eagle“-Tuning-Kits erreichen konnte. 78 PS bei 5000 U/min lauten die Werksangaben. Das macht die Tuner nicht ganz arbeitslos, aber die Motoren des Modelljahrs 2008 haben so viel Leistung und Drehmoment, dass eine Leistungssteigerung gar nicht mehr wünschenswert erscheint. Wie bei allen FX-Modellen ist

Kupfer-Einlage im Twin Cam-Seitendeckel.

Mit Stil in die nächste Saison: Luftfilter über der Einspritzanlage.

Rechts: Mit neuen Umweltvorschriften sind alle Harley-Davidson Modelle auf Einspritzanlage umgestellt.

der Twin Cam-Motor in Gummiblöcken gelagert, was die Vibrationen vom Fahrer fernhält. Silbern pulverbeschichtet macht der V-Twin auch optisch eine gute Figur, seit der Einführung des Twin Cam-Motors im Modelljahr 1999 bilden Motor und Getriebe auch technisch eine Einheit, das wuchtige Primärgehäuse wurde aber aus traditionellen Gründen beibehalten. Im Getriebegehäuse schaltet man sich mittlerweile durch sechs Gangstufen – der letzte Gang ist als Overdrive ausgelegt, womit sich vor allem auf den langen amerikanischen Highways bequem cruisen lässt. Im Stadtverkehr, auch im europäischen Alltagsbetrieb, waren die üblichen fünf Gangstufen eigentlich ausreichend – den Rest besorgt der üppige Durchzug. Mit dem 5,1-Gallonen-Tank der Fat Bob kann man der Super Glide auch gewisse Tourerqualitäten nicht abstreiten – den letzten Versuch eines Tourensportlers hatte man kurz zuvor mit der FXDXT Super Glide T-Sport unternommen, welcher allerdings keine lange Produktionsdauer beschieden war.

Wer eine Super Glide fährt, der will Custom Look und auffallen: Sei es durch noch fettere Reifen, Performance bis zum Abwinken oder auch nur eine grelle Lackierung. Wer allerdings ein Motorrad in der 105th-Anniversary-Lackierung ersteht, bekommt das schon frei Haus: Ein Sammlermodell, welches im Wert kaum noch fallen kann.
Und mit dem man sich alle fünf Jahre in Milwaukee sehen lassen kann: Zum Mitfeiern!

Modern in der Technik, nostalgisch im Look: Tankdash 2008 .

Mitte: 105th Anniversary Plakette auf dem Tankleder ...

Unten: ... und am Tank.

Technische Daten

FXD DYNA SUPER GLIDE (2008) (105TH ANNIVERSARY EDITION)

Fahrwerk:	Doppelschleifen-Stahlrohrrahmen, Stahlrohrschwinge, 2 Stoßdämpfer unter dem Rahmen
Gabel:	Telegabel
Motor:	Luftgekühlter V2 Twin Cam 96, OHV-Steuerung, Zahnriemenantrieb, 6-Gang-Getriebe
Zylinder:	2, 45° Zylinderwinkel
Hubraum:	96 cubic inch
Leistung:	ca. 78 PS
Baujahr:	2008

DAVIDSON

VRSCDX NIGHT ROD (2008)
Streetfighter Deluxe!

Wenn Harley-Davidson aus seiner 105-jährigen Firmengeschichte eine Lektion gelernt hat, dann die, sorgfältig den Kundengeschmack wie auch den Zeitgeist zu verfolgen. Dazu hat die Firma – insbesondere nach dem Rückkauf der Aktien von AMF – eine Reihe von Maßnahmen ergriffen, welche den Dealer vor Ort wie auch die Mutterfirma in Milwaukee immer ganz nah am Ohr des gegenwärtigen und zukünftigen Kunden hat. Da gibt es zum einen die Harley Owners Group (HOG), welche den Harley-Fahrern eine ganze Reihe eigener Events anbietet, zu denen man gemeinsam fährt oder sich vor Ort trifft. Das eigene „Color", dekorativ in gold und schwarz, gibt ein Gemeinschaftsgefühl und die Händler, welche die einzelnen Chapter betreuen, können so die Anregungen und Trends aufnehmen und nach oben weitergeben.
Das zweite Mittel – ein überaus populäres unter den Fans und Fahrern der Marke – sind die „Ride-In" Bikeshows, wie sie auf den großen Motorradtreffen wie Sturgis, Daytona, Faak und den meisten HOG-Rallyes durchgeführt werden. „Sehen und gesehen werden" ist ein Teil des Harley-Feelings – und zu zeigen, was man hat, gehört ebenfalls dazu.
Der Mittwoch der BikeWeek in Daytona Beach, jedes Jahr in der ersten Märzwoche während der Rennevents abge-

Ein „Streetfighter" mit Fahrspaß: Die Night Rod „glänzt" durch innere Werte und eine radikale Optik.

Kraftpaket! 125 PS ab Werk produziert das wassergekühlte Triebwerk.

halten, gehört der Harley-Davidson Ride-In Bikeshow, deren Erlös traditionell zu Gunsten der Gesellschaft für Muskelkranke geht. Vor dem „Ocean Center“ an der Atlantik Avenue – mit der Harley-Davidson Indoor Show der Mittelpunkt der Aktivitäten für Harley-Fans – rollen chromblitzende Custombikes, aufpolierte Klassiker und bunt lackierte Full-Dresser auf den Bürgersteig. Bei den Events in den USA übernehmen Fachleute aus den Technik- und Marketing-Abteilungen die Jurierung – und schauen sich dabei so manche Idee ab, die später auf die eine oder andere Art in die Serie einfließt. Auch Willie G. Davidson dreht gerne seine Runden – wie auch bei anderen Bikeshow-Klassikern wie der Rat's Hole Show – und lässt sich inspirieren. Das mag sich nicht unbedingt im nächsten Modelljahr niederschlagen, aber das Gedächtnis der Company ist lang.
Das vielleicht beste Beispiel dafür bietet die VRSCD Night Rod. Natürlich gibt es zu allen Zeiten den Faktor, dass Ideen zur gleichen Zeit an verschiedenen Orten erscheinen – und nach fünf Jahren kann man auch annehmen, dass dieses Design irgendwann auch mal bei Harley-Davidson auf dem Tisch lag. Fakt ist jedoch, dass im Jahre 2001 – unmittelbar nach Vorstellung der V-Rod – ein Wettrennen um die erste umgebaute V-Rod begann. Ganz vorne mit dabei Fred Kodlin und Speed-point Racing aus Iserlohn. Noch bevor Kodlin

Die 2-in-2 Auspuffanlage lässt erhebliche Schräglagen zu.

Links: Scheibenräder jetzt mit Durchbrüchen, passend zum Bremsscheibendesign.

Rechts: Riemenantrieb zum Hinterrad.

seine F-Rod am Samstag der BikeWeek 2002 zur Premiere auf die Rat's Hole Show rollte, brachte das Team von Speed-point gleich zwei modifizierte V-Rods zur Ride-In Show vor dem Ocean Center. 240er Hinterradreifen, verbreiterte Schwinge, eigene Custom-Räder und eine kleine Lenker-Verkleidung, ein Bike in Weiß, das andere ganz in Schwarz. Kommt einem irgendwie bekannt vor? Willie G. persönlich signierte die Bikes nach der Bikeshow, als sich das Speed-point-Team die verdienten Pokale abholte. Eigentlich hatte Harley-Davidson zur V-Rod schon einen eigenen Zubehör-Katalog mitgeliefert – und doch hatte ein Zubehör-Hersteller im V-Rod Customizing die Nase vorn. Der Blick in das Modellprogramm von 2006 muss für die Speed-point-Jungs wie ein Déjà-vu vorgekommen sein, auch wenn sich die Night Rod in einigen Details von ihrem Custombike unterschied.
Nicht ohne Grund wurde die Night Rod bei ihrer Vorstellung auf einem Dragstrip abgelichtet: Während das erste Modell noch die vorne durchbrochenen Scheibenräder besaß, legte man für den Jahrgang 2008 heiße 5-Speichen-Räder im Hot Rod-Stil nach. Willkommen an der Startampel! Das Triebwerk schwarz pulverbeschichtet, bietet die Night Rod echtes Race-Feeling.
Im Modelljahr 2008 wurde der „Revolution"-Motor auf 1250 ccm aufgebohrt. Hierzu wurde die Bohrung des Zylinders von 100 auf 105 mm erweitert, der Hub blieb erhalten. Damit leistet der Motor jetzt 125 PS bei 8250 U/min – und wer mit einem „Destroyer" Modell auf den Dragstrip zum Rennen will, der bekommt noch ein paar Pferde mehr. Für den neuen Motor spendierte man eine neue Kupplung mit 20 % verringerter Hebelkraft und – noch optional – ein ABS-System, mit dem man die Fahrsicherheit wesentlich verbessert. Gegenüber der V-Rod besitzt die Night Rod ein etwas höheres Fahrwerk – eigentlich sollte die Night Rod die Lücke zwischen V- und Street Rod schließen. So kann man zumindest den Auspuff der 2007 ausgelaufenen „Street Rod" recyceln. Mit ihrer coolen Optik schoss sich die Night Rod vor allem in Deutschland sofort auf Platz 1 der Harley-Zulassungsstatistik, weshalb man für den 2008er Modelljahrgang noch eine Night Rod Special mit noch dunklerer Optik und mattschwarzer Auspuffanlage nachlegte. Auch eine spezielle 105th Anniversary VRSCAW Version erlebt 2008 ihr Debüt. Die Night Rod hat ihre Geschichte noch vor sich!

Rechts: Armaturen und Spiegel aus dem Harley-Baukasten.

Schwarz und übersichtlich: Die Instrumentenkonsole hinter der kleinen Verkleidung.

Mitte: Stromlinienförmiges Heckteil aus GFK.

Unten: Versenkt im Heckteil – das Rücklicht.

Technische Daten

VRSCDX NIGHT ROD (2008)

Fahrwerk:	Doppelschleifen-Rohrrahmen, Aluminiumprofilschwinge, 2 Stoßdämpfer
Gabel:	Telegabel
Motor:	Wassergekühlter V2, DOHC, Benzineinspritzung
Zylinder:	2, 60° Zylinderwinkel
Hubraum:	1250 ccm
Leistung:	125 PS
Baujahr:	ab 2008

SPORTSTER
HARLEY-DAVIDSON
FIVE-SPEED